■ 畜禽高效养殖全彩图解+视频示范丛书 ■

高效养鸡

全彩图解
+
视频示范

魏清宇　主编

化学工业出版社
·北京·

内容简介

作者根据多年从事家禽生产、科学研究和疾病防治的经验，精心编写了这本《高效养鸡全彩图解+视频示范》。本书内容主要包括：鸡场规划与布局，鸡的品种与选购雏鸡，鸡的营养标准及饲料配制，蛋鸡标准化饲养管理技术，肉鸡标准化饲养管理技术，鸡常见病的防治，鸡场粪污无害化处理技术。

本书立足生产，注重实用；内容翔实，文字简练；图文并茂，通俗易懂。书中配有大量高清彩图和关键技术措施的实操视频，读者扫描书中的二维码，即可观看相应视频，便于更加直观地学习、理解和掌握其技术要领。本书是理想的生产指导用书，适合鸡场饲养管理人员、兽医工作者和养殖专业户阅读与使用，也可以作为教学、推广及职业培训教材。

图书在版编目（CIP）数据

高效养鸡全彩图解+视频示范/魏清宇主编． —北京：化学工业出版社，2021.9

（畜禽高效养殖全彩图解+视频示范丛书）

ISBN 978-7-122-39451-4

Ⅰ．①高…　Ⅱ．①魏…　Ⅲ．①鸡-饲养管理-图解　Ⅳ．①S831.4-64

中国版本图书馆CIP数据核字（2021）第130743号

责任编辑：漆艳萍　　　　　　　　　文字编辑：赵爱萍
责任校对：王　静　　　　　　　　　装帧设计：韩　飞

出版发行：化学工业出版社（北京市东城区青年湖南街13号　邮政编码100011）
印　　装：北京宝隆世纪印刷有限公司
880mm×1230mm　1/32　印张8³/₄　字数233千字
2021年10月北京第1版第1次印刷

购书咨询：010-64518888　　　　　售后服务：010-64518899
网　　址：http://www.cip.com.cn
凡购买本书，如有缺损质量问题，本社销售中心负责调换。

定　　价：59.80元　　　　　　　　版权所有　违者必究

编写人员名单

主　　编　魏清宇

副 主 编　牛晋国　李培峰

编写人员　牛晋国　叶红心　张　旗　李培峰

　　　　　　高荣琨　崔少华　刘华栋　李亚妮

　　　　　　张变英　何永泰　常素芳　程海龙

　　　　　　田志立　陈　兵　魏清宇　上官明军

近年来，我国家禽业的发展快速，家禽业占畜牧业的比重不断增加，成为国民经济的一个重要产业，对提高城乡人们生活水平，促进农业经济发展，提高人们收入发挥着巨大作用。随着养殖技术的不断创新，规模化、自动化养殖的不断发展，畜禽的生产性能越来越高、饲养密度越来越大、环境应激因素越来越多，这些都挑战家禽业的发展，在实际养殖过程中发现一些养殖技术和设备有待完善。

家禽养殖要保持良好的发展劲头，必须不断紧跟科学技术发展，不断更新技术，提高家禽生产的科技含量，始终保持高的生产效率，从而在价格波动、利润不稳的市场中找到自己的立足之地。目前，我国适度规模的个体饲养场（户）还占有很大比重，经营者文化素质、科技水平千差万别，有必要提高自身的科技水平；规模化企业拥有较高素质的科技人才，但也应不断吸取科学技术的新知识。近10多年来，家禽遗传育种、饲养管理、饲料与营养、环境卫生、疾病免疫与诊治等科学技术获得了长足进步，我国家禽科研人员和从业者在实践中也积累了不少经验。为此，我们组织了长期从事养鸡生产、科学研究和疾病防治的有关专家编写了这本能反映当前科技水平和家禽生产新经验的书籍，以期为我国家禽业的发展尽微薄之力。

本书在编写过程中，参阅了国内外大量文献，收集有关资料，并采集相关养殖场的照片，结合生产实际，突出实用性、准确性、安全性和系统性，文字与高清彩图相结合，通俗易懂。为了增加直观性，书中重要内容都添加了视频，读者扫描书中的二维码即可观看相应视频，从而实现了数字媒体资源与文字内容相结合，能充分调动读者的主观能动性，确保读者在短时间内获得最佳的学习效果。本书适合鸡场饲养管理人员、兽医工作者和养殖专业户阅读与使用。

由于编者水平有限，书中难免会有疏漏，敬请广大读者批评指正。

编者

2020年10月

CONTENTS 目录

第一章

绪论

第一节
鸡养殖发展现状与成就

　　家禽养殖在中国已有5000多年的历史。改革开放后40多年以来，我国家禽业取得了飞速的发展，家禽饲养量、禽蛋产量已连续多年保持世界第一、禽肉产量世界第二。但目前受产品质量所限，我国家禽产品的出口并不十分畅通。总体来说，我国家禽养殖业的特点表现在以下几个方面：小规模大群体产业模式仍占主要地位，现代化养殖模式正在兴起；生产条件简陋，设备实施差距大，总体投入不足；生产效率与生产水平参差不齐，总体效率和水平较低；产品原始、商品属性低，品牌营销力度弱；产品内销比例高、加工与出口比例低。

　　随着社会经济的不断发展，家禽业的发展呈现繁荣景象，尤其是蛋鸡、肉鸡养殖方面。养殖技术的不断创新，使得蛋鸡、肉鸡的养殖迅速发展起来。随着规模化、自动化家禽养殖的发展，在实际养殖过程中发现一些设备及养殖技术有待完善。

一、蛋鸡养殖发展现状与成就

蛋鸡产业是我国改革开放以来第一个商品化、市场化的产业。改革开放以后，蛋鸡率先上升为市场化的产业，一直发展到1985年，中国的蛋鸡产业应该是很有国际地位的，鸡蛋产量超越了美国，跃居世界第一，到现在一直保持第一的地位。

我国蛋鸡产业虽然起步较晚，但是发展迅猛，现阶段已经逐步进入自我整合期。回顾我国蛋鸡产业的发展，主要经历了以下4个发展阶段：第一阶段为发展起步期（20世纪70年代末至80年代中期），这一阶段我国的鸡蛋产量显著增加，并超越美国居于世界首位；第二阶段为快速增长期（20世纪80年代中后期至90年代中期），这一阶段我国鸡蛋产量快速增长，1996年超过1500万吨，占世界总产量的35%左右；第三阶段为平稳增长期（20世纪90年代中期到2002年），这一阶段我国蛋鸡产业发展稳定，鸡蛋产量呈平稳增长趋势；第四阶段为自我整合期（2002年至今），我国蛋鸡产业发展较快，蛋鸡饲养品种、饲养规模、种鸡质量、相关政策等多方面发生了巨大的变化，加之受连续几年的鸡流感疫情影响，更加促进了产业的内部整合，并且鸡蛋产量在世界遥遥领先。

1. 蛋鸡企业养殖的规模不断增加

近几年，只有几千只鸡的小企业，要么退出行业，要么更新设备，扩大自己的经营规模。中等的企业向大企业规模扩张，形成集团，靠国家政策，发展的速度非常快。比如德青源、正大集团、四川绵阳的圣迪乐、宁夏顺宝等企业规模都很大。但是我们更关心中小企业的扩张规模，实际来讲，现在饲养1万只鸡就是平均规模，这就意味着蛋鸡产业行业集中度在逐步提高。

2. 生产过程智能化程度提升

蛋鸡养殖技术发展很快，创新很快，进步很大。新的技术被逐步运用在生产层面。首先从硬件设备来讲，智能化设备取代了过去的土办法。育种方面，国内的育种公司包括北京峪口禽业以及华裕农业等，技术进步也非常快。还有，兽药、饲料、无抗技术、畜禽粪污处理技术以及鸡蛋分级、清洁、涂油、包装等技术，智能化设备进入以后，整体效率大幅提升。

3.管理效率提高

资源配置的效率，特别是经济效率大幅提升。现在高度市场化、商品化，追求利润，要算账，最起码把成本算清楚。精准要素管理、投入管理跟上，环境管理跟上，人力资源配置也跟上，配置效率大幅提高。

4.产品差异化

蛋鸡生产主要抓的就是鸡蛋产品。过去都是普通鸡蛋，生产的鸡蛋外壳有白色、红色、粉色、褐色、绿色，甚至有黑壳鸡蛋。再就是按鸡蛋大小分，有大蛋、中蛋、小蛋。产品虽然看起来差不多，但是实际上差异还是非常大的。比如品牌鸡蛋、特色鸡蛋、认证的绿色鸡蛋、无公害有机鸡蛋与普通鸡蛋是不一样的，品牌鸡蛋等肯定比普通鸡蛋的收入弹性要大一些。

二、肉鸡养殖发展现状与成就

1.生产稳步增长，规模化水平居前列

（1）鸡肉生产已连续5年恢复增长　2015年以来，随着禽流感疫情影响消退，禽肉产量结束下降状况，呈逐年增长态势。国家统计局数据显示，2019年我国禽肉产量2239万吨，同比增长12.3%，比2014年增长13.9%。在我国，鸡肉约占禽肉产量的60%，是仅次于猪肉的第二大肉类产品。从全国地域分布来看，我国禽肉生产主要集中于华东和华南地区。国际畜牧网数据显示，2017年家禽出栏量前10位的地区分别为山东、广东、福建、河南、安徽、广西、辽宁、江苏、四川、河北，总占比达到73.2%，比2016年占比增加1.8%。其中，山东家禽出栏仍位居榜首，出栏量超过20亿羽，达到22.02亿羽，出栏量比重提高到16.9%；广东出栏量超过10亿羽，达到10.87亿羽，占比8.3%。

（2）白羽肉鸡产量逐渐缩减，黄羽肉鸡产量不断增长　在我

国，肉鸡养殖品种与全球90%以上白羽肉鸡不同。中国畜牧业协会数据显示，我国的肉鸡产量结构为白羽肉鸡、黄羽肉鸡、淘汰蛋鸡和小型肉鸡，2017年其产量分别占鸡肉总产量的53.2%、30.2%、9.5%和7.2%。白羽肉鸡养殖主要集中在北方地区，黄羽肉鸡主要集中在南方地区。近年来，受引种量下降、消费升级等因素影响，白羽肉鸡产量逐渐缩减，黄羽肉鸡产量不断增长。国家肉鸡产业技术体系数据显示，白羽肉鸡存栏量、肉产量分别由2013年的45.1亿只、784万吨下降到2018年的39.5亿只、762万吨，降幅分别为12.4%、2.8%，而黄羽肉鸡存栏量、肉产量分别由2013年的38.6亿只、440万吨增长到2018年的40.4亿只、514万吨，增幅分别为4.7%、16.8%。

（3）肉鸡养殖规模化水平居畜禽养殖行业前列　在畜禽标准化规模养殖政策的推动下，我国畜禽规模化养殖水平不断提高，肉鸡是规模化程度最高的品种，管理水平相对高，抗市场风险能力较强。农业农村部数据显示，年出栏数1万只以上肉鸡规模养殖比重由2010年的67.9%提高至2016年的76.6%，提高12.8%，肉鸡规模养殖远高于生猪、奶牛的规模化程度，2017年我国年出栏500头以上生猪的规模养殖场占比仅超过50%，2018年百头以上奶牛规模养殖的占比才达到61.4%。

从市场集中度来看，全国前50家肉鸡企业的肉鸡出栏量约占全国出栏总量的40%。其中，圣农集团作为全国第一大白羽肉鸡上市公司，2019年共销售鸡肉产品88.5万吨，同比增长1.4%，约占全国白羽鸡肉产量的10%；实现营业收入145.58亿元，同比增长26.1%。

2.禽肉消费潜力大，消费量稳步增长

2017年我国肉类消费中，猪肉消费占62%，禽肉消费约占28%，仅次于猪肉。除2013～2014年受禽流感疫情影响禽肉消费量有所下降外，近年来我国禽肉消费整体呈稳步增长态势，消费量居全球第二位。根据禽肉产量、贸易量测算，2019年我国禽肉表观消费量为2297万吨，同比增长13.6%，2010～2019年年均增速为3.2%。禽肉消费自给率保持在95%以上，2019年禽肉对外依存度仅3.5%，但因我国禽肉进口集中度较高，加上禽流感疫情的不可控性，整体来看仍存在一定的外部风险。数据显示，2017年鸡肉消费约占禽肉消费量的63%，其中白羽肉鸡消费量占消费总量的53%，黄羽肉鸡占30%，蛋鸡占10%，817小型肉鸡占7%。

我国鸡肉消费总量大，但人均消费量与世界鸡肉消费大国相比仍存在较大差距，资料显示，我国年人均鸡肉消费量不足10千克，而美国、巴西超过40千克，因此国内消费增长潜力很大。

3. 鸡肉替代性增强，2019年价格创历史新高

鸡肉作为第二大肉类消费品种，因其价格低廉，对猪肉消费的替代性很强。根据商务部监测数据分析发现，与牛羊肉和蛋类相比，白条鸡批发价格和猪肉批发价格相关性最强。受2018年非洲猪瘟影响，很多消费者转向消费鸡肉，鸡肉消费需求明显增加，同时加上2019年我国生猪产能明显下降，猪肉价格大幅上涨，进一步拉动鸡肉价格上涨，并创历史新高。农业农村部数据显示，2019年，集贸市场白条鸡均价为22.16元/千克，同比增长15.4%；据商务部监测，2019年白条鸡平均批发价格为17.46元/千克，同比增长8.3%，平均零售价格为23.73元/千克，同比增长10.2%。活鸡上市的法规越来越严格，很多地方甚至取消了活鸡上市，未来定点屠宰、冷链配送、加工消费是黄羽肉鸡产业的发展趋势，更需要加强品牌化建设促进消费。

第二节
鸡养殖存在的主要问题

一、蛋鸡养殖存在的主要问题

1. 鸡蛋价格波动较大

从近年鸡蛋价格波动状况来看，波幅大、变化快的特点尤为突出。根据农业农村部全国畜产品和饲料价格数据中的鸡蛋价格数

据，可得出中国鸡蛋价格波动的长期趋势线。

2. 生产成本不断攀高

（1）饲料成本　精饲料费用占蛋鸡业成本比重较大，甚至在小规模蛋鸡养殖户中接近75%，精饲料价格增长是导致成本增加的主要因素。

（2）防疫成本　蛋鸡养殖疫病种类越来越多，疾病诊治越来越复杂，疫苗、药品费用近年不断增加。2016～2020年蛋鸡养殖防疫费用年均增长3%～4%，与较高医疗费用不相称的是逐年增加的死亡损失费，规模蛋鸡场死亡损失费也高于同期规模肉鸡场。

（3）人工成本　近年来人工成本一路上涨，蛋鸡企业普遍反映不仅饲养员难招，且工资水平不断提高。更严重的是，打工旺季花钱也很难雇到工人。

3. 蛋品加工量少，水平有差异

中国的现代鸡蛋加工业起步较晚，国内仍以鲜蛋消费为主，鸡蛋加工水平比较低，与国外的差距较大，低于日本、美国、欧洲等国家或地区。中国的大型蛋品加工企业较少，且经营规模很小，各区域间的鸡蛋加工能力十分不均衡。

二、肉鸡养殖存在的主要问题

1. 种源过度依赖进口

白羽肉鸡生长周期短、饲料转化率高，是我国畜牧业发展的重要品种，但现阶段我国白羽肉鸡自主育种基础薄弱，目前仅益生股份和圣农集团两家公司具备祖代肉鸡繁育能力，产能有限，与国外长达几十年的育种技术、人才、资本积累相比，仍处于起步阶段，白羽肉种鸡基本全部依靠进口，若引种国发生禽流感，我国种鸡引种将受到限制，制约产业健康有序发展。目前，全球主要的白羽肉鸡种鸡地——英国、美国以及欧洲因禽流感被我国禁止引种，能进口种鸡的只有新西兰、波兰。

种源是产业价值链高端，过度依靠进口易加剧商品代肉鸡价格波动，不利于整个产业稳定发展。祖代鸡的引种量决定了未来1～2年肉鸡的供应量，种源过剩或偏少都会影响鸡肉市场供应。2011～2014年我国祖代鸡引种大增，导致后期整个肉鸡产能过剩，叠加疫情因素，商品代肉鸡养殖除2016年获得较好的养殖利润外，其他年份盈利很少，甚至出现亏损。2015～2018年祖代鸡引种量连续4年显著低于祖代产能正常更新迭代80万～90万套的需求，种源存栏不足，父母代种鸡供给偏少，2018年下半年后肉雏鸡价格持续上涨，在一定程度上也影响养殖户的补栏积极性，进而影响鸡肉供给。农业农村部数据显示，2018年12月肉雏鸡平均价格上涨至4.09元/只，较5月上涨41%，同比上涨36%；2019年5月肉雏鸡正值集中补栏高峰期，均价涨至5.38元/只，同比上涨高达86%。

2. 禽流感疫情风险大

近几年，随着气候、环境因素的改变，罹患疫病的风险加大。禽类养殖密度大、数量多，疫情的传播往往十分迅速，对养殖行业破坏力巨大。据世界动物卫生组织（OIE）2017年数据，亚洲仍是禽流感高发地区，我国禽类养殖行业面临的疫病风险依然较高，一旦暴发会给整个产业带来巨大的经济损失。资料显示，2013年我国发生人感染H7N9流感疫情，引发消费者和从业者恐慌，截至2013年年底，肉鸡产业累计损失超过600亿元。此外，由于禽流感属于人畜共患病，加之受媒体渲染，消费者对禽肉的消费信心也容易受到影响，不利于行业稳定发展。

3. 药残问题备受关注

禽肉产品中抗生素及药物残留问题一直是社会关注的焦点，也是影响我国鸡肉产品国际竞争力的重要因素。一方面，有关白羽肉鸡的相关科学知识在消费者中普及甚少，相当一部分消费者不了解白羽肉鸡的快速生长性能，容易片面而主观地把白羽肉鸡生长快的特点归结为抗生素和激素喂养；另一方面，部分养殖企业对于产品质量安全的重视程度不够，饲养管理和药物检测能力较低，导致过量使用抗生素、农药残留超标以及微生物含量超标等问题频发。抗生素、农药滥用不仅会导致致病细菌、病毒耐药性提升，进一步加大养殖行业疫病风险，而且也会产生禽肉产品质量安全风险，从而影响禽类养殖行业健康发展。

4. 品牌化建设较落后

人们生活水平日益提高，健康消费观念明显提升，推动鸡肉产业结构调整，但现阶段鸡肉产品品牌优势不突出，产业需要优质化名牌产品的驱动才能实现健康、可持续发展。资料显示，2015年以后白羽肉鸡企业开始加速深加工产品布局，发展熟食和调理品，但2017年深加工产品的涨势较缓；黄羽肉鸡行业是我国家禽养殖中的特色产业，近年来已成为我国畜牧业发展中增长最快的产业之一，但我国黄羽肉鸡产品加工比例较低，活鸡产品始终占主导地位，占85%左右，冰鲜鸡产品只占5%左右，其余10%为冻鸡、礼盒及深加工类产品。随着近年来控制活鸡上市的法规越来越严格，很多地方甚至取消了活鸡上市，未来定点屠宰、冷链配送、加工消费是黄羽肉鸡产业的发展趋势，更需要加强品牌化建设以促进消费。

5. 环保问题较为突出

随着畜禽养殖规模不断提高和扩大，养殖场排放的废渣、污水、恶臭等环境污染问题也日益显现，从全国污染普查公报显示的情况看，全国畜禽养殖业产生的污染物产量在农业乃至全部行业中都占有很大比重，环保问题越来越突出。由于某些养殖场只注重提高经济效益，盲目扩大生产规模，忽视对肉鸡场粪便、污水、病死鸡等废物的无害化处理问题，致使周边环境污染严重。在肉鸡生产过程中造成环境污染和生态环境恶化，同时也严重威胁肉鸡养殖自身发展。

第三节
鸡养殖发展前景

一、蛋鸡发展前景

未来几年仍然是蛋鸡产业的发展阶段，目前我国鸡蛋供需总体平衡、局部过剩。但随着城镇化的改善，农村振兴，城镇居民的鸡蛋消费水平仍有上升空间，未来还会提高10%左右。随着分散的小规模家庭式生产向标准化、规模化饲养转变，传统养殖转变为现代化、工厂化适度规模养殖，未来蛋鸡的死淘减少，蛋品品质提升，生产性能还会提高。

随着以满足居民需求为目的的"菜篮子工程"过渡到"食品工程"，蛋鸡产业发展将受到市场需求导向的影响愈加明显。蛋鸡行业随着饲养品种、饲养规模、营销手段、政府政策等方面的变化，以及中小规模养殖户的趋退及新建大规模养殖场的投产运营，适度规模化、管理家庭化、经营农场化、生产专业化、服务社会化、产品品牌化等模式逐渐出现，可有效提高蛋鸡行业抵抗养殖风险的能力。

农业生产中对有机肥的需求越来越大，作为主要有机肥料的蛋鸡废弃物将成为有机农业肥的主要供应品，受市场需求的推动，蛋鸡废弃物的有机肥利用会成为蛋鸡产业拓展的重点。

有一点要强调，将来有品牌、资本、区域、合作化、组织化之后最重要的一个问题，即实行闭环化运作，每个养殖企业都要把它做好。实际上可能相对于生猪、肉牛、肉鸡这些产业来讲，蛋鸡产业的闭环化运作，已经成为一个趋势。

二、未来肉鸡生产形势

随着全球经济的发展和一体化进程的加快，未来全球鸡肉的消费量将会持续增长，我们可以预见在不久的将来肉鸡产品会在大部分国家成为第一大肉类消费品。在我国经济飞速发展、人们生活水平不断提高的同时，我国鸡肉需求总量也在逐步提高。目前美国的人均鸡肉消费量为44.03千克，欧盟人均消费量为19.40千克，都远远高于我国人均消费量9.38千克，因此我国肉鸡产业有很大发展空间。

从国内情况看，由于肉鸡具有饲料报酬高、周转快、获利多的特点，并且随着我国经济持续高速发展，对鸡肉的消费需求将持续增加，而且鸡肉营养物质含量丰富、风味独特、价廉物美，鸡肉的消费量必将持续增加，国内肉鸡产业的前景较为光明。

在消费升级背景下，居民消费观念、消费群体发生很大变化，具体从鸡肉消费来看，未来黄羽肉鸡市场将由活鸡向冰鲜鸡消费方式转变，将促使企业加快转型，不断发展冰鲜鸡产品。同时，未来规模化企业将借助电商快速发展的机遇，不断提高鸡肉产品品质，加强品牌建设力度，扩大影响力和知名度，增强抗风险能力。此外，外卖市场快速发展，鸡肉深加工企业也将着力于餐饮渠道，研发更多高端型快消类鸡肉产品，布局外卖市场，增加快餐和家庭消费。

第二章

鸡场规划与布局

第一节
养殖场场址的选择

一、选址的原则

1. 蛋鸡养殖场场址的选择原则

蛋鸡养殖场的场址选择关系到将来鸡场的卫生防疫、环境控制、生产安全、产品质量及日常管理工作。选址时既要考虑鸡场生产对周围环境的要求（NY/T 388—1999《畜禽场环境质量标准》），也要尽量避免鸡场产生的异味、废弃物对周围环境的影响，要符合《畜禽养殖业污染防治技术规范》（HJ/T 81—2001）。蛋鸡养殖场的选址应考虑以下因素。

（1）选址首先要考虑鸡的健康生存和安全生产，周围环境应符合鸡群的生物学特点和行为习性的要求。

（2）应符合鸡场的安全防疫措施（如全进全出、区域隔离等）。

（3）应坚持农牧结合、种养平衡的原则，根据饲养量，配建具有相应加工处理能力的粪便污水处理设施或处理机制。以达到国家或区域对污染物排放必须达标的要求。

2. 肉鸡场场址的选择原则

场址选择对鸡群的健康水平、生产性能、经济效益、场内及周边环境卫生的控制等有着直接影响。要遵循社会公共卫生准则，使肉鸡场不致成为周围环境的污染源，同时，也要不受周围环境所污染。

（1）无公害生产原则　肉鸡场的土壤土质、水源水质、空气等环境因素应该符合无公害生产标准。防止重工业、化学工业等工厂的公害污染，鸡体吸收有害物质后，会存留体内并在产品中蓄积，进而影响人的健康。因此，肉鸡场不应建在有公害污染的地区。

（2）卫生防疫原则　必须对拟选场址的当地历史疫情做周密详细的调查研究，特别要警惕附近的兽医站、畜禽养殖场、农贸市场、屠宰场等与拟建肉鸡场的距离和方位，以及有无自然隔离条件等。拟建场地的环境及防疫条件的好坏是影响肉鸡场经营成败的关键因素之一。

（3）生态和可持续发展原则　肉鸡场选址和建设时要有长远规划，做到可持续发展。肉鸡场的生产不能对周围环境造成污染，选择场址时应该考虑粪便、污水、废弃物及病死鸡的处理方式和处理能力。肉鸡场的污水不能直接排入城市污水系统，要经过处理后再排放，使肉鸡养殖场不致成为污染源而破坏周围的生态环境。

（4）经济性原则　在选址用地和建设上要充分考虑资源的利用。土地资源日益紧缺，在满足肉鸡场防疫的前提下，尽量节约用地。选择建筑材料时，既要考虑投入又要想到使用时的方便和低能耗，尽量做到节能减排。

二、选址的要求

1. 蛋鸡养殖场选址要求

选址首先要考虑场址的自然条件（地形地势、土壤、水源、气候等）和社会条件（交通、供电、环境、疫情、社会风俗习惯等），这些将直接关系到鸡场的建设投资、卫生防疫、环境控制、生产安全、生产效率、产品质量、日常能耗和日常管理等。因此，场址选择要进行全面充分的调查研究，仔细分析讨论后确定。

（1）地形地势　养鸡场的场地应地势高燥且平坦并有一定坡度，向阳、通风、排水良好，有利于鸡场内外环境的控制。选址时还应注意当地的气候，不能建在昼夜温差过大的地区。要远离有地质灾害隐患的区域，如在靠近河流、湖泊的地区建场时，场址要选在比当地历史水文资料记载最高水位高2米以上的位置，且不能对河流、湖泊造成污染；在山区建场时，应选择地势稍平缓的坡地，场内总坡度不能超过25%，建筑区的坡度应在2%以内，并且要注意地质构造，一定要避开断层、滑坡、塌方的地段，要注意避开坡地、谷地以及风口建场，以免遭受山洪和暴风雪的袭击；在平原地区建场时，应选择地势稍高的平坦、开阔地区，地下水位应低于建筑物地基深度1米以下（图2-1）。

图2-1　平原地区蛋鸡场选址

（2）交通　蛋种鸡场应远离中心城市。蛋鸡场宜建在城郊，要考虑运进饲料、运出鸡蛋、业务人员往来等成本。离大城市20～50千米，离居民点和其他家禽场15千米。距离种鸡场应2千米以上，且附近无居民点、集市、畜牧场、屠宰场、水泥厂、钢铁厂、化工厂等，这样的场地既安静又卫生。应离铁路不少于2千米，一般要求距主要公路500米以上、次要公路100～300米及以上，但应交通方便、接近公路，自修公路（图2-2）能直达场内，以便运输原料和产品。

（3）土壤和水源　鸡场的土壤应具备一定的卫生条件，要求过

图2-2　蛋鸡场与外界连接的自修公路

去未被鸡的致病细菌、病毒和寄生虫污染过，透气性和透水性良好，以便保证地面干燥。对于采用机械化装备的鸡场还要求土壤压缩性小而均匀，以承担建筑物和将来使用机械的重量。总之，鸡场的土壤以沙壤土和壤土为宜，这样的土壤排水性能良好、隔热，不利于病原菌的繁殖，符合鸡场的卫生要求。

　　鸡场要求水源充足，水质良好，水源中不能含有病菌和毒物，无异味，清新透明，符合饮用水标准，最好是城市供给的自来水。水的pH值不能过酸或过碱，即pH值不能低于4.6或高于8.2，最适宜范围为6.5～7.5。硝酸盐不能超过45毫升/升，硫酸盐不能超过250毫升/升。尤其是水中最易存在的大肠杆菌含量不能超标。水质应符合NY 5027—2008《无公害食品　畜禽饮用水水质》。表2-1是畜禽饮水质量标准，供蛋鸡场选址时参考。

表2-1　畜禽饮水质量标准

项目	指标	项目	指标
砷/（毫克/升）	≤0.2	氟化物/（毫克/升）	≤1.0
汞/（毫克/升）	≤0.001	氯化物/（毫克/升）	≤250
铅/（毫克/升）	≤0.1	六六六/（毫克/升）	≤0.001
铜/（毫克/升）	≤1.0	滴滴涕/（毫克/升）	≤0.005
铬（六价）/（毫克/升）	≤0.05	总大肠杆菌群/（个/升）	≤10
镉/（毫克/升）	≤0.01	pH值	6.4～8
氰化物/（毫克/升）	≤0.05		

（4）电源 蛋鸡场的照明、通风、加温、降温、自动喷雾及种鸡场的孵化等设备，都需要稳定的、不间断的电力供应（图2-3），因此蛋鸡场要求24小时供电，对于蛋种鸡场、较大型的蛋鸡养殖场必须具备备用电源，如双线路供电或发电机等（图2-4）。

图2-3 蛋鸡场供电设备

图2-4 蛋鸡场备用发电设备

2. 肉鸡养殖场选址要求

（1）肉鸡场与其他单位的距离

① 肉鸡场与城市之间应有一个适宜的距离。肉种鸡场一般要远离城市10～20千米；商品肉鸡场一般要相距城市1000～2000米或更远一些。距离太近会影响城市美观和环境卫生，同时也会受到来自城市的噪声、废气等的污染，还有可能与城市今后的发展发生矛盾。为节约运输费用、方便市场供应，为城市居民服务的商品肉鸡场可设在城郊，并建在居民点的下风位置和居民水源的下游。

② 肉鸡场距其他畜禽养殖场至少1000米以上，避免被其他畜禽养殖场的病原微生物感染。

③ 村、镇居民区散养鸡群多，容易导致鸡群疾病传播，不利于肉鸡场防疫。肉鸡场与附近居民点的距离一般需1000米以上，如果处在居民点的下风向，则应考虑距离不应小于2000米，但不可建在饮用水源、食品厂的上游。

④ 肉鸡场与各种化工厂、畜禽产品加工厂等的距离应不小于3000米，应远离兽医站、屠宰场、集市等传染源，而且不应处在这些工厂、单位的下风向。鸡舍要尽量选择在整个地区的上风向，避

免污染。同时，要考虑周围地块内庄稼、蔬菜等喷药时对肉鸡的影响，以免通过空气或地面污染舍内肉鸡，并对鸡群健康造成危害。新建肉鸡饲养场亦不可位于传统的新城疫和高致病性禽流感疫区内。

（2）地势、土地状况　肉鸡场场地应当地势高燥，至少高出当地历史洪水线1米以上；地下水位应在2米以下或建筑物地基深度0.5米以下。远离沼泽地区、盆地，地势要向阳背风，地面要平坦而稍有坡度以便排水，地面坡度以1°～3°为宜，最大不得超过25%。地形要开阔整齐，从而便于鸡场内各种建筑物的合理布局。还要避开坡底、风口，有条件的还应对其地形进行勘探，断层、滑坡和塌方的地方不宜建场。考虑到价格及生物安全因素，一般向阳山坡地和荒地为首选。另外，要考虑到可利用面积，结合总体规划，综合布局（图2-5）。

图2-5　建设中的肉鸡场

（3）交通运输　考虑到鸡苗、产品、饲料的运输问题，肉鸡场所在地应交通方便。由于干线公路经常有运输鸡的车辆通过，肉鸡场与主要公路的距离至少要1000米，一般道路可近一些，要求建专用道路与公路相连（图2-6）。

（4）供电、通讯　随着饲养规模的扩大，现在肉种鸡舍和商品肉鸡舍多为封闭式鸡舍，鸡舍内环境靠人工控制，肉鸡场电力供应一定要充足，应靠近输电线路，以尽量缩短新线铺设距离，最好有

图2-6　肉鸡场与公路相连的专用道路

双路供电的条件，若无此条件，鸡场要有自备电源，以保证场内稳定的电力供应。要尽量靠近集中式供水系统（即城市自来水）和通信等公用设施，以便保障供水质量及对外联络。

❦ 第二节 ❦
养殖场的建筑设计

一、规划与布局

1. 蛋鸡养殖场规划与布局

不管采用什么类型的饲养方式、养什么品种、是蛋种鸡场还是商品蛋鸡场，在考虑规划布局问题时，均要以有利于防疫、排污和生活为原则。尤其应考虑风向和地势，通过鸡场内各建筑物的合理布局来减少疫病的发生和有效控制疫病。鸡场各种房舍和设施的分区规划，主要从有利于防疫和安全生产出发。

鸡场内生活区和生产管理区、生产区应严格分开，并有一定缓冲隔离，可以用水渠、绿化带进行隔离（图2-7）。

图2-7　生产区外的隔离水渠及绿化带

生产区的入口，应有车辆消毒池（图2-8）、人员更衣室和消毒房（图2-9）等。生活区和生产管理区在风向上与生产区相平行。有条件时，生活区可设置于鸡场之外，把鸡场变成一个独立的生产机构。这样既便于信息交流及产品销售，又有利于养殖场传染病的控制。如果隔离措施不严，将来会造成防疫工作的重大失误，各种疫病连绵不断地发生，从而产生不必要的损失。

图2-8　车辆消毒池

图2-9　人员更衣室、消毒房

生产区是鸡场布局中的主体，应慎重对待。鸡场生产区内，应按规模大小、饲养批次、日龄将鸡群分成数个饲养小区，区与区之间应有一定的隔离，每栋鸡舍之间应有隔离措施，如围墙、绿化带、水渠等。各鸡舍、区域间距离见表2-2。

表2-2　鸡舍、区域间距离

间距名称	最小距离范围/米
育雏育成舍间距	15～25
产蛋鸡舍间距	15～25
育雏育成舍与产蛋舍间距	30～70
生活区与生产区间距	50～60
生活区与粪污处理隔离区间距	200～300
生产区与粪污处理隔离区间距	50

鸡场生产区内道路布局应分为清洁道和脏污道，其走向为育雏室、育成舍、成年鸡舍，各舍有入口连接清洁道；脏污道主要用于运输鸡粪、死鸡及鸡舍内需要外出清洗的脏污设备，其走向也为育

雏室、育成舍、成年鸡舍，各舍均有出口连接脏污道。清洁道和脏污道不能交叉，以免污染。生产区内布局还应考虑风向，从上风向至下风向，按鸡的生长期应安排育雏室、育成舍和成年鸡舍，这样有利于保护鸡群的安全。鸡场为了环境保护、防疫和促进安全生产、提高经济效益，各鸡舍间应有绿化隔离带（以草坪、低矮植物为佳），以隔离各个区域。

2. 肉鸡养殖场规划与布局

（1）平面布局　布局的原则是：既要考虑节省土地，节约投资，又要有利于日后的生产管理和为防疫创造适合的条件。肉鸡场内各种房舍的合理布局，首先应该考虑人的工作和生活集中场所的环境保护，使其尽量不受饲料粉尘、粪便气味和其他废弃物的污染。其次需要注意生产鸡群的防疫卫生，尽量杜绝污染源对鸡群环境污染的可能性。

根据肉鸡场地势和当地全年主导风向进行分区，即按地势坡向由高到低和主导风向从上风向到下风向对肉鸡场分区规划，先后顺序应为职工生活区→生产管理区→生产区→污染隔离区。地势和风向相结合，若有矛盾，以主导风向为主。

① 场前区：包括行政和技术办公室、饲料加工及饲料库、车库、杂品库、更衣消毒和洗澡间、配电房、水塔、职工宿舍、食堂等。该区是担负肉鸡场经营管理和对外联系的区域，应设在与外界联系方便的位置（图2-10）。大门前应设有车辆消毒池（图2-11），两侧设门卫和更衣室消毒通道（图2-12）。肉鸡场的供销运输与社会的联系非常频繁，极易造成疾病的传播，所以运输工具场内和场外要严格区分。负责场外运输的车辆严禁进入生产区，场内车辆不得到生产区外。业务人员、外来人员只能

图2-10　场前生活区

图2-11　门卫及门口消毒池　　　　　　图2-12　自动喷雾消毒通道

在场前区活动，不得随意进入生产区。

②生产区：是肉鸡场的核心，鸡舍的排列要整齐有序，如果肉鸡场规模较大，应独立建设生产区（图2-13、图2-14）。

图2-13　开放式肉鸡舍布局　　　　　　图2-14　密闭式肉鸡舍布局

肉种鸡场的生产流程：育雏（购进）→育成→产蛋（种鸡）→种蛋→孵化→商品雏鸡出售。商品肉鸡场的产品为肉仔鸡，多为一次育成出场。

③隔离区：包括病、死鸡隔离设施，剖检、化验、处理等房舍和设施以及粪便污水处理及储存设施等。是肉鸡场病鸡、粪便等污物集中处，是卫生防疫和环境保护工作的重点，该区应设在全场的下风向和地势最低处，且与其他两区的卫生间距不宜小于50米。

肉鸡场的分区规划，要因地制宜，根据拟建场区的自然条件、地形地势、主导风向和交通道路的具体情况进行，不能生搬硬套采用其他图纸，尤其是肉鸡场的总体平面布置图，更不能随便引用。

行政区和供应区距生产区80米以上，生活区又距行政区和供应区100米以上。

（2）肉鸡舍的排列、朝向、间距　鸡舍排列得合理与否，关系到场区小气候、鸡舍的采光和通风、建筑物之间的联系、道路和管线铺设的长短、场地的利用率等。一般横向成排（东西），纵向成列（南北），称为行列式，即各栋鸡舍应平行整齐呈梳状排列，不能相交。如果鸡舍群按标准的行列式排列与肉鸡场地形地势、鸡舍的朝向选择等发生矛盾时，也可以将鸡舍左右错开、上下错开排列，但仍要注意平行的原则，不要造成各个鸡舍相互交错（图2-15）。

鸡舍的朝向应根据当地的地理位置、气候条件等来确定。适宜的朝向要满足鸡舍日照、温度和通风的要求。鸡舍建筑一般为长矩形，由于我国处在北纬20°～50°，太阳高度角（太阳光线与地平面间的夹角）冬季小、夏季大，故鸡舍应采取南向（即鸡舍长轴与纬度平行）。这样，冬季南墙及屋顶可最大限度地利用太阳辐射以利于防寒保暖。有窗式或开放式鸡舍还可以利用进入鸡舍的直射光起到一定的杀菌作用；而夏季则避免过多地接受太阳辐射，引起舍内温度升高。如果同时考虑当地地形、主风向以及其他条件的变化，南向鸡舍允许做一些朝向上的调整，向东或向西偏转15°配置。南方地区从防暑角度考虑，以向东偏转为好。我国北方地区朝向偏转的自由度可稍大些。

确定鸡舍间距主要考虑日照、通风、防疫、防火和节约用地。从日照角度考虑，鸡舍间距以保证在冬至日上午9时至下午3时的6个小时内，北排鸡舍南墙有满日照。从防疫角度考虑，间距是鸡舍高度的3～5倍即能满足要求。从通风角度考虑，应注意不同的通风方式，若鸡舍采用自然通风，且鸡舍纵墙垂直于夏季主风向，间距取3～5倍高（南排鸡舍高）适宜；若

图2-15　鸡舍排列

鸡舍采用横向机械通风，其间距因防疫需要也不应低于3倍高；若采用纵向机械通风，鸡舍间距可以适当缩小，1～1.5倍高即可。从防火角度考虑，按国家规定，采用8～10米的间距。综合几种因素的要求，鸡舍间距不小于3～5倍高（南排鸡舍高）时，可以基本满足各方面的要求。

（3）肉鸡场内的道路、排水　生产区的道路应区分为运送产品和用于生产联系的净道，以及运送粪便、污物、病鸡、死鸡的污道。物品只能单方向流动，净道与污道绝对不能混用或交叉，以利于卫生防疫。肉鸡场外的道路绝对不能与生产区的道路直接连接，场前区与隔离区应分别建设与场外相通的道路。肉鸡场内道路应不透水，路面断面的坡度一般场内为10°～30°，路面材料可根据具体条件修成柏油路、混凝土路、砖路、石路或焦渣路。道路宽度根据用途和车宽决定。生产区的道路一般不行驶载重车，但应考虑火警等情况下车辆进入生产区时对路宽、回车和转弯半径的需要。各种道路两侧，均应留有绿化和排水沟所需地面。

肉鸡场内的排水设施是为排出雨水、雪水，保持场地干燥、卫生。为减少投资，一般可在道路一侧或两侧设明沟，沟壁、沟底可砌砖、石，也可将土夯实做成梯形或三角形断面，再结合绿化护坡，以防塌陷。如果肉鸡场场地本身坡度较大，也可以采取地面自由排水（地下水沟用砖、石砌筑或用水泥管），但不宜与鸡舍内排水系统的管沟通用，以防泥沙淤塞影响鸡舍内排污及加大污水净化处理负荷，并防止雨季污水池满溢而污染周围环境。隔离区要有单独的下水道将污水排至场外的污水处理设施。

（4）场区的绿化　肉鸡养殖场的绿化树木遮掩可以减弱日照辐射，植物及树叶可以吸收二氧化碳放出氧气，树木及草皮可以吸附、过滤、降落空气中的粉尘，植物叶面蒸发的大量水分可以增加场区空气湿度。因此，搞好肉鸡养殖场的绿化可以改善鸡场小气候、保护环境并净化空气、减少空气中的尘埃和细菌、减弱噪声，有助于人体身心健康而提高工作效率。

在进行肉鸡场规划时，必须规划出绿化用地，其中包括防风林

（在多风、风大地区）、隔离林、道路绿化、遮阳绿化、绿地等。防风林应设在冬季主风的上风向，沿围墙内外设置，最好是落叶树和常绿树搭配，高矮树种搭配，植树密度可稍大些。隔离林主要设在各场区之间及围墙内外，应选择树干高、树冠大的乔木。道路绿化是指道路两旁和排水沟边的绿化，起到路面遮阳和排水沟护坡的作用。遮阳绿化一般设于鸡舍南侧和西侧，起到为鸡舍墙、屋顶、门窗遮阳的作用。绿地绿化是指肉鸡场内裸露地面的绿化，可植树、种花、种草，也可种植有饲用价值或经济价值的植物（如果树、苜蓿、草坪、草皮等），将绿化与肉鸡场的经济效益结合起来。

肉鸡场植树造林应注意树种的选择，杨树、柳树等树种在吐絮开花时产生大量绒毛，易造成防鸟网堵塞及通风口不畅通，降低风机的通风效率，对净化环境和防疫不利。值得注意的是，国内外一些集约化的养鸡场，为了确保卫生防疫安全有效，往往在整个场区内不种一棵树，其目的是不给飞翔的鸟儿有栖息之处，以防病原微生物通过鸟粪等杂物在场区内传播，继而引起传染病；场区内除道路及建筑物之外全部铺种草坪，起到调节场区内小气候、净化环境的作用。

二、鸡舍建筑设计

1. 蛋鸡鸡舍建筑设计

在进行鸡舍建筑设计时应根据鸡舍类型、饲养方式、饲养对象来考虑鸡舍内地面、墙壁、外形及通风条件等因素，以求达到舍内最佳环境，从而满足生产的需要。

（1）鸡舍类型

① 育雏室　由于雏鸡体温调节功能差，育雏期需要的温度较高，因此设计育雏舍时应以隔热保温为重点。育雏室冬天在采取保温措施的前提下，最高温度应能达到38℃。

② 育成舍　指饲养6周龄至产蛋前（转入产蛋笼）阶段的鸡舍。规模小的蛋鸡养殖场在实际操作中不另外建造育成舍，而是在育雏室饲养至8～10周龄时，直接转入产蛋舍。

③ 产蛋鸡舍 即饲养商品代产蛋鸡的鸡舍。根据饲养方式分为笼养和平养。

a. 开放式鸡舍适用于广大农村地区，我国大部分蛋鸡养殖场尤其是农村养鸡户均采用此种鸡舍。开放式鸡舍是采用自然通风和自然光照＋人工辅助光照的形式。鸡舍内温度、湿度、光照、通风等环境因素控制得好坏，取决于鸡舍设计、鸡舍建筑结构的合理程度。同时鸡舍内饲养鸡的品种、数量的多少、笼具的安放方式（如阶梯式、平置式、叠放式或平养）等均会影响舍内通风效果、温度、湿度及有害气体的控制等。产蛋鸡舍的小气候参数见表2-3。因此在设计开放式鸡舍时应充分考虑以上因素（图2-16～图2-18）。

图2-16　前后敞开式棚舍

图2-17　简易开放鸡舍（一）

图2-18　简易开放鸡舍（二）

表2-3　产蛋鸡舍的小气候参数

鸡舍类型	温度/℃	相对湿度/%	噪声允许强度/分贝	尘埃允许含量/（毫克/米³）	CO_2允许浓度/%	NH_3允许浓度/（毫克/米³）	H_2S允许浓度/（毫克/米³）
笼养	18～20	60～70	90	2～5	0.2	13	3
平养	12～16						

b.密闭式鸡舍（图2-19）因建筑成本昂贵，要求24小时能供电等，技术条件要求也较高，一般适用于大型机械化鸡场和大型蛋

鸡养殖企业。密闭式鸡舍无窗（或有不能开启的小窗）、完全密闭，顶盖和四周墙壁隔热性能良好，舍内通风、光照、温度和湿度等都靠人工通过机械设备进行控制。这种鸡舍能给鸡群提供适宜的生长环境，鸡群成活率高，可较大密度地饲养，但成本较高。

④ 种鸡舍 饲养蛋种鸡的产蛋鸡舍。种鸡舍（图2-20）设计时应重点考虑当地的气候条件，寒冷地区应以保温为主，炎热地区应以通风降温为主。种鸡舍一般为密闭式，舍内安装2层或3层阶梯式产蛋鸡笼。

图2-19 密闭式鸡舍　　　　图2-20 种鸡舍内景

（2）鸡舍面积 鸡舍面积的大小直接影响鸡的饲养密度，合理的饲养密度可使雏鸡获得足够的活动范围，足够的饮水、采食位置，有利于鸡群的生长发育。密度过高会限制鸡群活动，造成空气污染、温度升高，诱发啄肛、啄羽等现象，同时，由于拥挤，有些弱鸡经常吃不到饲料，体重不够，造成鸡群均匀度过低。当然，密度过小，会增加设备和人工费用，保温也较困难，通常雏鸡、中鸡饲养密度为：0～3周龄为每平方米50～60只，4～9周龄为每平方米30只，10～20周龄为每平方米10～15只。对于成年产蛋鸡，如为阶梯式笼养蛋鸡，根据每个鸡笼面积大小，一般饲养2～3只母鸡。生产中一个方笼或一组阶梯笼占地面积一般为4米^{2}左右。在平养产蛋鸡舍中（一般高床全网面型），鸡体形大小不一样，密度有一定的差异，一般每平方米饲养鸡6～9只。鸡舍跨度通常为9～12米（根据舍内笼具、走道宽度和通风条件而定），一般每列鸡笼留2.2米宽，每条走道留0.8米宽，鸡舍实际跨度要根据所安放设备进行设计。鸡舍的长度主要受场地、饲养规模、饲养方式限制，目前，蛋鸡舍长度普遍在20～70米。

（3）屋顶形状　鸡舍屋顶形状有很多种，如双坡三角式（图2-21）、平顶双落水式（图2-22）、圆拱双落水式（图2-23）等。一般根据当地的气温、通风等环境因素来决定。在南方干热地区，屋顶可适当高些以利于通风，北方寒冷地区可适当矮些以利于保温。生产中大多数鸡舍采用双坡三角式屋顶，坡度值一般为1/4～1/3。屋顶材料要求隔热性能良好，以利于夏季隔热和冬季保温。鸡舍高度（屋檐高度）为2.5～3米，采用双坡三角式屋顶，笼具设备的顶部与横梁之间的距离为0.7米；采用平顶双落水式屋顶，笼具设备的顶部与横梁之间的距离应在1米以上。虽然增加高度有利于通风，但会增加建筑成本，冬季增加保温难度，故鸡舍高度不宜太高。

（4）鸡舍墙壁和地面　开放式鸡舍育雏室要求墙壁保温性能良好，并有一定数量可开

图2-21　双坡三角式屋顶

图2-22　平顶双落水式屋顶

图2-23　圆拱双落水式屋顶

启、可密闭的窗户，以利于保温和通风。产蛋鸡舍前后墙壁有全敞开式、半敞开式和开窗式几种。敞开式一般敞开1/3～1/2，敞开的程度取决于气候条件和鸡的品种。敞开式鸡舍在前后墙壁进行一定程度的敞开，但在敞开部位可装上玻璃窗，或沿纵向装上尼龙帆布等耐用材料做成的卷帘，这些玻璃窗或卷帘可关、可开，根据气候条件和通风要求随意调节；开窗式鸡舍则是在前后墙壁上安装一定数量的窗户调节室内温度和通风。

鸡舍地面应高出舍外地面0.3～1米，舍内应设排水孔，以便舍内污水顺利排出。地基应为混凝土地面，保证地面结实、坚固，便于清洗、消毒。在潮湿地区建造鸡舍时，混凝土地面下应铺设防水层，防止地下水湿气上升，保持地面干燥。为了有利于舍内清洗消毒时排水，中间地面与两边地面之间应有一定的坡度（图2-24、图2-25）。

图2-24 开放式育雏育成舍外景　　　图2-25 开放式育雏育成舍内景

2. 肉鸡鸡舍建筑设计

（1）肉鸡舍的基本结构

① 屋顶　屋顶在夏季接受太阳辐射较多，而在冬季舍内热空气上升，失热也较多。因此，屋顶必须具备保温、隔热、不透水、不透气、坚固、耐久、防潮、光滑、结构严密、轻便、简单等特点，为了加强肉鸡舍屋顶的保温隔热能力，可在鸡舍内设天棚。鸡舍内的高度通常以净高表示，即地面至天棚或地面至屋架下弦下缘的高。寒冷地区应适当降低净高，而在炎热地区加大净高则是缓和高温影响的有力措施之一（图2-26、图2-27）。

图2-26　鸡舍屋顶内结构　　　　　　图2-27　鸡舍屋顶外观

② 墙壁　根据是否受到屋顶的荷载，墙可分为承重墙与隔断墙；根据是否与外界接触，墙可分为外墙与内墙。墙对鸡舍内温度和湿度状况的保持起重要作用，应具有保温隔热性能（一般25～37厘米厚），更应具备坚固、耐久、抗震、耐水、防火、抗冻、结构简单、便于清扫和消毒的基本特点。内墙表面应光滑平整，墙面不易脱落、耐磨损、不含有毒有害物质。肉鸡舍所有开口处都应用孔径为2.0厘米的铁丝网封闭，鸡舍的设计和建造不应留有任何鸟类或野生动物进入鸡舍的方便之处。

③ 地面　采用地面平养，无论是否有垫料，鸡群接近地面活动，会受地面土层许多因素的影响。因此，要求肉鸡舍地面应高于舍外地面0.3米以上，以便创造高燥的环境。同时为保证鸡舍排水系统的通畅，避免污水积存、腐败，舍内地面应向排水沟方向做2%～3%的坡。肉鸡舍地面和基础最好为混凝土结构，防止鼠打洞进入鸡舍，防止鸡啄食地面。另外，鸡舍地面还必须便于清扫消毒、防水和耐久。

④ 门窗　一般来讲，肉鸡舍窗户离地面高度为50厘米，高1.2～1.8米，宽1.8～2米。北窗面积比南窗面积小，是南窗面积的2/3左右。窗的总面积是地面面积的15%～20%。门一般设在南向鸡舍的南墙，为两扇门，推拉均可，高2米，宽1.3～1.6米。

⑤ 肉鸡舍的宽度、长度和高度　我国统一规定以3米进位，即6米、9米、12米。肉鸡舍的宽度最好为12米。鸡舍的长度受鸡群规模大小及机械化设施的影响，地面平养或半网平养肉鸡舍长度为

50 ～ 80米。肉鸡舍高度一般为2.5 ～ 2.7米，不可太高。

⑥ 肉鸡舍的走道　鸡舍的走道（图2-28）是饲养员每天工作和观察鸡群的场所。走道的设计位置与鸡舍跨度有关，跨度小于9米的一般设在北面，跨度大于9米的可设在鸡舍中间或北面。走道与鸡舍纵轴平行，走道的宽度为1.2米。

图2-28　鸡舍的走道

⑦ 肉鸡舍内间隙　为了便于鸡舍内通风和便于饲养员观察鸡群，鸡舍可用铁丝网相隔成小圈，每圈不超过2500只为宜。一般来讲，鸡舍跨度为12米时，三间一隔为一自然间（圈）。

（2）肉鸡舍的类型

① 肉鸡舍整体结构类型　肉鸡舍整体结构基本分为两大类型：一种是开放式鸡舍；另一种是密闭式鸡舍。开放式鸡舍是采用自然通风换气和自然光照与补充人工光照相结合。密闭式鸡舍又称无窗鸡舍，采用人工光照，机械通风。目前从全国来看，开放、简易、节能鸡舍是商品肉鸡舍的主流，肉种鸡舍多采用密闭式鸡舍。开放和密闭相结合的鸡舍（即开放密闭兼用型）有很大的推广价值。究竟选择哪种类型的鸡舍，应从当地具体条件出发，根据气候、供电、资金能力而定，不可生搬硬套。

a.开放式鸡舍　这种类型鸡舍的特点是：鸡舍有窗户，全部或大部分靠自然的空气流通来通风换气，由于自然通风的换气量较小，若鸡舍不添置强制通风设备，一般饲养密度较低，需要投入较多的人工进行调节。因为鸡舍内的采光是依靠窗户进行自然采光，故昼夜的长短随季节的变化而变化，舍内的温度基本上也是随季节的变化而变化（图2-29、图2-30）。

图2-29　双坡开放式鸡舍　　　　图2-30　圆拱顶开放式鸡舍

　　开放式鸡舍的优点：造价低、投资少。设计、建材、施工工艺与内部设置等条件要求较为简单，对材料的要求不严格；鸡体由于经受自然条件的锻炼，能经常活动，适应性较强，体质强健；在气候较为暖和、全年温差不太大的地区使用，可提高鸡群的生产性能。

　　开放式鸡舍的缺点：外界自然条件变化，对肉鸡的生产性能有很大的影响。生产的季节性极为明显，不利于均衡生产和保证市场的正常供给；开放式管理方式，鸡体可通过昆虫、野禽、土壤、空气等各种途径感染较多的疾病；占地面积大，用工较多。

　　b. 密闭式鸡舍（无窗鸡舍）　一般无窗或在南北墙开有小窗，完全密闭，屋顶和四壁保温隔热性能良好。鸡舍内的小气候，通过各种设备进行控制与调节，以最大限度地满足鸡体最适的生理需求。鸡舍内采用人工通风与光照。通过调节通风量的大小和速度，在一定范围内控制鸡舍内的温度和相对湿度。夏季炎热时，可通过加大通风量或采取其他降温措施；寒冷季节一般用火道或暖风设备供暖，使舍内温度维持在比较适宜的范围（图2-31）。

　　密闭式鸡舍的优点：这种鸡舍可以消除或减少严寒酷暑、狂风暴雨等一些不利的自然因素对鸡群的影响，为鸡群提供较为适宜的生活和生产环境。四周密闭，基本上可杜绝自然媒介传入疾病；密闭式鸡舍采用了人工通风和光照，鸡舍间的间距可大大缩小，从而节约占地面积。

密闭式鸡舍的缺点：建筑与设备投资高，要求较高的建筑标准和较多的附属设备；鸡群由于得不到阳光的照射，且

图2-31　密闭式鸡舍

接触不到土壤，所以饲料供给更为严格，否则鸡群会出现某些营养缺乏性疾病；由于饲养密度高，鸡群大，隔离、消毒及投药都比较困难，鸡只彼此互相感染疾病的机会大大增加，必须采取极为严密、效果良好的消毒防疫措施，确保鸡群健康；由于通风、照明、饲喂、饮水等全部依靠电力，必须有可靠的电源，否则遇到停电，特别是在炎热的夏季，会对肉鸡生产造成严重的影响。

c. 开放-密闭兼用型鸡舍　这种鸡舍兼具开放式与密闭式两种类型的特点，如复合聚苯板组装式拱形鸡舍。

复合聚苯板组装式拱形鸡舍：该鸡舍采用轻钢龙骨架拱形结构，选用聚苯板及无纺布为基本材料，经防水强化处理后的复合保温板材做屋面与侧墙材料，这种材料隔热保温性能极强，导热系数仅为0.033～0.037，是一般砖墙的1/20～1/15，既能有效地阻隔夏季太阳能的热辐射，又能在冬季减少舍内热量的散失。两侧为窗式通风带，窗仍采用复合保温板材，当窗完全关闭时，舍内完全密闭，可以使用水帘降温纵向通风或使用暖风炉设备控制舍内环境；当窗同时掀起时，舍内呈凉棚状，与外界形成对流的通风环境，南北侧可以横向自然通风，自然采光，节约能源与费用，具有开放式鸡舍的特点。所以，该鸡舍属于开放-密闭兼用型鸡舍，可以根据外界环境的变化而改变形态。

鸡舍建筑投资包括基础、地圈梁、龙骨架、屋面、通风窗五大部分。地面以上无砖结构，属于组装式轻型结构。建材主要为钢

材、复合保温板、水泥、黏土、少量砖。由于复合聚苯板质轻、价廉、耐腐蚀、保温性能好，因而降低了投资造价和肉鸡的饲养成本，增强了市场竞争力。鸡舍结构简单，组装容易，建场工期短、见效快，有利于加快资金周转。通风、温度、照明皆可利用自然能源。

② 肉鸡舍地面类型　肉鸡舍地面可以分为以下2种类型。

a. 全垫料地面　地面全部铺以厚约20厘米的垫料，垫料经常更换。这种地面养肉用仔鸡，饲养密度较低，但因鸡与粪便直接接触鸡较易患寄生虫病（图2-32）。

b. 全条板加全金属网（塑料网）地面　全条板加全金属网（塑料网）地面（图2-33）是在离地面50～60厘米高处全部铺设条板，板上铺金属网（塑料网），使用金属网时网面一定要铺得平整。优点是网面饲养的鸡减少了与粪便的接触，发病率降低。条板宽度为2.5～5厘米，条板间隙为2.5厘米。

图2-32　全垫料地面

图2-33　全条板加全塑料网地面

闲置的农村住房经适当改造也可作为优质肉鸡舍，但这种房屋通风差，空间有限，生产量小，也不利于防疫，对饲养少量鸡群的农户可利用这些房屋及院落，必要时加以改造，如可将窗户扩大放低，以增加通风量和采光面，尽可能前后都设窗户，也可在屋顶开口加通风罩，或改造成钟楼式，并装上可以开启的小门。

（3）肉鸡舍保温隔热建材的选择　鸡舍温度与肉鸡的生长发育和饲料消耗有直接关系，鸡群在适宜温度范围内能保持良好的生理状态，可以充分发挥生产潜力，达到较高的生产水平，消耗较低的饲料，获得较高的经济效益。

① 肉鸡舍的隔热　不管是开放式还是密闭式鸡舍，大部分墙壁和屋顶都必须采用隔热材料或隔热装置。大多数隔热装置或隔热材料用于屋顶，因为在寒冷天气屋顶是失热最大的区域；而在炎热天气，屋顶又是阳光直接照射的区域。防热措施则主要靠加强通风，夏季将所有窗子或卷帘打开，特别是地窗或下部风口，南北对流形成"扫地风"，对降低舍内温度起着十分重要的作用。还可在鸡舍外面种草种树，增加绿色植物覆盖率，降低舍外气温，对鸡舍防热也有明显的作用。此外，利用水帘降温也是行之有效的技术设施，近年来各类鸡场均有采用，达到了良好的降温效果。

② 肉鸡舍的保温　一方面加强门窗或卷帘的管理，防止冷风渗透；另一方面是选用保温性能好的建筑材料，加厚北墙的厚度和屋顶的吊装顶棚等。通风供热方面也有配套设施，多采用热风炉或热交换器以正压供热的通风方式解决肉鸡舍的供暖。

第三节
养殖场的设备

一、环境控制设备

1. 蛋鸡场环境控制设备

任何一个优良的品种，如果没有良好的环境控制设备来保持鸡舍的环境，它的生产性能是不会发挥出来的，因此，良好的环境控制设备是蛋鸡养殖场的基础。

（1）通风换气设备　炎热的夏天，当气温超过30℃时，鸡群会感到极不舒适，生长发育和产蛋性能会严重受阻，此时除了采取其他抗热应激和降温措施之外，加强舍内通风是主要的手段之一。通风设备一般有轴流式风机、离心式风机、吊扇和圆周扇。通风方式是采用风扇送风（正压通风）、抽风方式（负压通风）和联合式通风，安装位置应在使鸡舍内空气纵向流动的位置，这样通风效果才最好，风扇的数量可根据风扇的功率、鸡舍面积、鸡只数量、气温的高低来进行计算得出。根据《家畜环境卫生学附牧场设计》（全国统编教材）中的资料，蛋鸡舍通风参数见表2-4。实践中夏季为减缓热应激，一般气流速度要求达到1米/秒以上。

表2-4　蛋鸡舍通风参数

鸡舍类型	换气量/[米³/(小时·千克体重)]		气流速度/（米/秒）
	冬季	夏季	
产蛋鸡舍	0.7	4.0	0.3～0.6
1～9周龄雏鸡舍	0.8～1.0	5.0	0.2～0.5
10～22周龄青年鸡舍	0.75	5.0	0.2～0.5

① 鸡舍的纵向通风设计　对于饲养量较大的鸡舍（长度超过40米）多数采用纵向通风方式。即将工作间设置在鸡舍前端（靠近净道）的一侧，将前端山墙与屋檐平行的横梁下2/3的面积设计为进风口（图2-34），外面用金属网罩防鼠、雀，冬季可将进风口适当关小或用草帘、塑料布遮挡一部分。风机安装在鸡舍山墙上，要求通风口与风机规格匹配，以满足不同季节不同通风量的要求（图2-35）。

图2-34　鸡舍进风口

图2-35　鸡舍排风口

② 鸡舍的横向通风设计　饲养量小的鸡舍一般采用自然通风，即通过门窗和屋顶的天窗进行通风。窗户一般开在每间房南北墙的中上部，窗户下方另设一个地窗（高约40厘米，宽约80厘米）。每间或每隔2间在屋顶设置一个可调节通风口的天窗。在鸡舍北墙下窗安装风机，冬季风机开启后气流从南窗进入，北侧向外排风，形成横向通风；夏季可将风机反转，风机向鸡舍内吹风，热空气从南侧窗户排出。

（2）温度控制设备

① 供温设备　育雏期需要加热设备，以保证育雏室内在寒冷季节也能达到38℃，传统的一般采用火炉或烟道供暖，也有用保温伞和红外灯泡辅助育雏的，现在大企业基本采用热风机供暖（图2-36、图2-37）。

图2-36　供热锅炉　　　　图2-37　热风机

② 降温设备　北方部分地区，如果采用开放式蛋鸡舍，饲养量又不是很大，在夏天最热时稍采取措施，如把墙壁和房顶涂白、中午在鸡舍周围喷洒冷水、开启鸡舍内吊扇、饲料中加小苏打等即可。而封闭式鸡舍及南方地区则必须安装水帘/风扇降温系统。该系统包括水帘、循环水系统、轴流式风机和控温系统四个部分。此种降温方式降温效果明显，一般可以使进入鸡舍的空气温度降低4～6℃，故近年来新建鸡场普遍使用水帘（图2-38）和风扇降温系统（图2-39）。

图2-38 降温水帘

图2-39 降温、排风风扇

喷雾降温系统：把水管和雾化喷头固定安装在鸡舍顶部（图2-40）或行走式料车上（图2-41），平时做带鸡消毒用，当需要降温时打开高压水泵，喷头喷出的水雾吸附鸡舍内空气中的热量后，通过风机排出鸡舍外，以此达到降温的目的。

图2-40 固定在鸡舍顶部的高压喷头

图2-41 固定在行走式料车上的高压喷头

（3）光照控制设备 光照是舍内环境控制中的一个比较重要的因素。光照控制设备包括照明灯、电线、电缆、控制系统和配电系统。密闭鸡舍适用的有遮光流板和24小时可编光照程序控制器（图2-42）。鸡舍照明通常用白炽灯（25～40瓦），灯泡安在鸡舍走道的正中间，间隔3～3.3米，距离地面1.7～1.9米，每条走道单独安装一个开关，灯泡安装一定要使照在鸡群活动范围内的光线均匀（图2-43）。

（4）清洗消毒设备 主要有火焰喷烧消毒器（图2-44）、喷雾消毒器（图2-45）、高压冲洗消毒器（图2-46、图2-47）、自动喷雾器。火焰喷烧消毒用于空舍进鸡前对墙壁、地面及设备进行喷烧

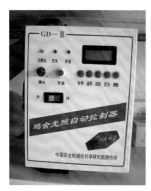

图2-42　鸡舍光照自动控制器

图2-43　鸡舍内光照

图2-44　燃气火焰喷烧消毒器

图2-45　喷雾消毒器

图2-46　小型高压冲洗消毒机

图2-47　高压冲洗消毒机

消毒，以汽油或液化气作燃料；喷雾消毒器用于平时鸡舍内带鸡消毒和周围环境消毒；高压冲洗消毒机对使用后的鸡舍进行冲洗消毒；自动喷雾器用于大型鸡场日常鸡舍内带鸡消毒。

2. 肉鸡场环境控制设备

（1）控温设备　包括降温设备和升温设备两种。升温设备主要有地下烟道、红外灯、暖风机、火炉等。降温设备主要有水帘及风机降温设备、低压喷雾系统和高压喷雾系统。

① 地下烟道　主要用于简易棚舍网上平养，由炉灶（图2-48）、烟道（图2-49）、烟囱（图2-50）构成。炉灶口设在棚舍外，烟道可用金属管、瓦管或陶瓷管铺设，也可用砖砌成，烟道一端连炉灶，另一端通向烟囱。烟道安装时，应注意要有一定斜度，近炉端要比近烟囱端低10厘米左右。烟囱高度相当于管道长度的1/2，并要高出屋顶。烟囱过高吸火太猛，热能浪费大，烟囱过低吸火不利，室内温度难以达到规定的要求。烟囱砌好后应检查管道是否通畅，传热是否良好，并要保证烟道不漏烟。

② 红外灯　红外灯（图2-51）具有产热性能好的特点，在电源供应较为正常的地区，可在育雏舍内温度不足时补充加热。灯泡的功率一般为250瓦，悬挂在离地面35～40

图2-48　室外炉灶口

图2-49　室内砖砌烟道

图2-50　烟囱

厘米处，并可根据育雏温度高低的需要，调节悬挂高度。

③ 暖风机 暖风机供暖系统主要由进风道、热交换器、轴流风机、混合箱、供热恒温控制装置、主风道组成。通过热交换器的通风供暖方式，是目前为止效果最好的，它一方面使舍内温度均匀，空气清新；另一方面效益也不错，节能效果显著。

④ 暖风炉 主要由暖风炉、轴流风机、有孔热风管、调风门等组成。暖风炉是供暖设备系统的主体设备，它是以空气为介质，以煤为燃料，向供暖空间提供洁净的热空气。

⑤ 火炉 广大农村养鸡户，特别是简易棚舍或平房养殖户，较多采用火炉取暖，使用火炉取暖要注意取暖与通风的协调，避免一氧化碳中毒（图2-52）。

⑥ 水帘及风机降温设备该设备主要用于密闭式鸡舍，是一种新型的降温设备。它是利用水蒸气降温的原理来改善鸡舍热环境。主要由水帘（图2-53）和风机（图2-54）组成，循环水不断淋湿水帘，产生大

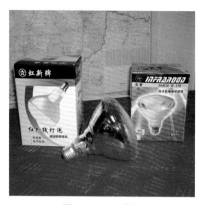

图2-51　红外灯

图2-52　火炉

图2-53　水帘

量的湿表面吸收空气中的热量而蒸发；通过低压大流量的节能风机的作用，使鸡舍内形成负压，舍外的热空气便通过水帘进入鸡舍内，由于水帘表面吸收了进入空气中的一部分热量使其温度下降，从而达到舍内温度降低的目的。

⑦ 低压喷雾系统　喷嘴安装在鸡舍上方，以常规压力进行喷雾，用于风机辅助降温的开放式鸡舍。

⑧ 高压喷雾系统　特制的喷头（图2-55、图2-56）可以将水由液态转为气态，这种变化过程具有极强的冷却作用。它是由泵组、水箱、过滤器、输水管、喷头组件、固定架等组成，雾滴直径在80～100微米。一套喷雾设备可安装3列并联150米长的喷雾管路。按一定距离安装喷头，喷头为悬芯式，喷孔直径0.55～0.6毫米，雾粒直径在100微米以下。当鸡舍温度高于设定温度时，温度传感器将信号传送给控制装置，系统会自动接通电路，驱动水泵，水流被加压到275千帕时，经过滤器进入鸡舍管道内，喷头开

图2-54　风机

图2-55　喷头

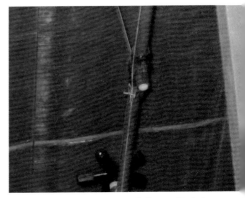

图2-56　安装在屋顶的喷头

始喷雾，喷雾约2分钟后间歇15～20分钟再喷雾2分钟，如此循环。鸡舍内湿度为70%时，舍内温度可降低3～4℃。

（2）通风、照明设备 鸡舍的通风换气按照通风的动力可分为自然通风、机械通风和混合通风三种，机械通风主要依赖于各种形式的风机设备和进风装置。

① 常用风机类型 轴流式风机、离心式风机、圆周扇和吊扇一般作为自然通风鸡舍的辅助设备，安装位置与数量要视鸡舍情况而定。

② 进气装置 进气口的位置和进气装置，可影响舍内气流速度、进气量和气体在鸡舍内的循环方式。进气装置有以下几种形式。

a. 窗式导风板 这种导风装置一般安装在侧墙上，与窗户相通，故称"窗式导风板"，根据舍内鸡的日龄、体重和外界环境温度来调节风板的角度。

b. 顶式导风装置 这种装置常安装在舍内顶棚上，通过调节导风板来控制舍内外空气流量。

c. 循环用换气装置 是用来排气的循环换气装置，当舍内温暖空气往上流动时，根据季节的不同，上部的风量控制阀开启程度不同，这样排出气体量与回流气体量亦随之改变，由排出气体量与回流气体量的比例不同来调控舍内空气环境质量。

③ 照明设备 肉鸡舍一般常用的是普通白炽灯泡照明，灯泡以15～40瓦为宜，肉仔鸡后期使用15瓦灯泡为佳，每20米² 使用1个，灯泡高度以1.5～2米为宜。为节约能源，现在很多鸡场使用节能灯。

（3）消毒设备

① 火焰消毒 主要用于肉鸡入舍前、出栏后喷烧舍内笼网和墙壁上的羽毛、鸡粪等残存物，以烧死附着的病原微生物。火焰消毒设备结构简单，易操作，安全可靠，以汽油或液化气作燃料（图2-57），消毒效果好，操作过程中要注意防火，最好戴防护眼镜。

② 自动喷雾消毒器 这种消毒器可用于鸡舍内部的大面积消毒，

也可作为生产区人员和车辆的消毒设施。用于鸡舍内的固定喷雾消毒（带鸡消毒）时，可沿鸡舍上部，每隔一定距离装设一个喷头，也可将喷头安装在行走式自动料车上；用于车辆消毒时可在不同位置设置多个喷头，以便对车辆进行彻底消毒。

图2-57　汽油火焰喷灯

③ 高压冲洗消毒　用于房舍墙壁、地面和设备的冲洗消毒。该设备粒度大时具有很大的压力和冲力，能将笼具和墙壁上的灰尘、粪便等冲刷掉。粒度小时可形成雾状，加消毒药物则可起到消毒作用。气温高时还可用于喷雾降温。

此外还有畜禽专用气动喷雾消毒器（图2-58），跟普通喷雾器的工作原理一样，人工打气加压，使消毒液雾化并以一定压力喷射出来。

图2-58　气动喷雾消毒器

（4）其他设施

① 清粪设施　除了常用的粪车、铁锹、刮粪板、扫帚外，大型蛋鸡场要使用自动清粪系统。牵引式刮粪机（图2-59）包括刮粪板、钢绳和动力系统。

② 断喙设备　为减少饲

图2-59　牵引式清粪系统

料浪费及相互啄食，肉种鸡需要断喙。断喙器（图2-60）型号很多。

二、饲养设备

1. 蛋鸡饲养设备

（1）笼具设备

① 育雏设备

a. 平面网上育雏（图2-61）设备：雏鸡饲养在鸡舍内离地面一定高度的平网上，平网可用金属、塑料或竹木制成，平网离地面高度80～100厘米，网眼为1.2厘米×1.2厘米。这种方式雏鸡不与地面粪便接触，可减少疾病传播。

b. 育雏笼 雏鸡饲养在育雏笼（图2-62）内，育雏笼用金属、塑料制成，一般由5个独立结构拼接为一组，总体结构为4层，每层高333毫米，规格一般为总高1725毫米，长4404毫米，宽1396毫米。每组可饲养1～45日龄的雏鸡700～800只。这种方式虽然增加了育雏笼的投资成本，但有以下几方面的优点：提高了单位面积的育雏数量和房屋利用率；雏鸡发育整齐，减少了疾病传染，提高了成活率。

图2-60　断喙器

图2-61　网上育雏

图2-62　育雏笼

② 育成设备 用于育雏的网上平养和笼养设备均可用来育成，但鸡的饲养密度应随鸡的日龄增加而降低，网上平养密度为20只/米²左右。现在多使用育雏育成笼（图2-63、图2-64），笼养一般为20～30只/米²左右，并随时调整饲槽、水线高度，保证鸡群能方便采食饲料和水。

③ 产蛋鸡设备 目前实际生产中蛋种鸡均为人工授精，为了便于操作蛋种鸡笼采用三层阶梯式结构（图2-65）。这样安装各层几乎完全错开，粪便直接掉入粪坑或地面，不需要安装承粪板。为了方便人员进行人工授精时的操作，也可采用两层阶梯式结构。商品蛋鸡为了节约投入、增加饲养密度，多采用叠层式笼养，即多层鸡笼相互完全重叠，每层之间有竹、木等材料制成的承粪板。人工饲喂、人工捡蛋多为三层，完全自动化的可以为4～5层。

（2）饮水设备 鸡舍内饮水设施的种类很多，发展趋势以节水和利于防疫为主，可根据不同的饲养阶段、饲养方式

图2-63 育雏育成笼

图2-64 安装使用的育雏育成笼

图2-65 阶梯式蛋鸡笼

选择适宜的饮水设备。

①过滤器和减压装置 过滤器（图2-66）用于滤去水中的杂质，应有较大的过滤能力和一定的滤清作用。鸡场一般用自来水或使用水塔供水，其水压为51～408千帕，适用于水槽饮水，若使用乳头式或杯式饮水系统时，必须安装减压装置。常用的有水箱（图2-67）和减压阀两种，特别是水箱，结构简单，便于投药，生产中使用较普遍。

②水槽 水槽是过去生产中较为普遍的供水设备，平养和笼养均可使用。但耗水量大，易传播疾病。饮水槽分V形（图2-68）和U形两种，深度为50～60毫米，上口宽50毫米，长度按需定制。

③饮水器 常用的有真空式、吊塔式、乳头式、杯式等多种。平养鸡舍多用真空式和吊塔式饮水器，笼养鸡舍多用乳头式和杯式饮水器。其中乳头式饮水器具有较多的优点：可保持供水的新鲜、洁净，极大地减少了疾病的发病率；节约用水，水量充足且无湿粪现象，改善了鸡舍

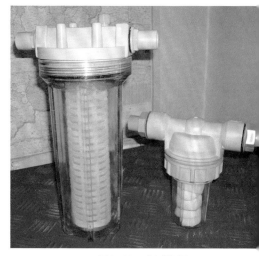

图2-66 水过滤器

图2-67 水箱

图2-68 V形水槽

的环境（图2-69～图2-71）。

（3）饲喂设备　料塔和上料输送装置是机械化养鸡设备之一。喂料机有链式、塞盘式、螺旋弹簧式等。给料车有骑跨式给料车、行车式喂料车（图2-72）、手推式给料车等。全自动行车式喂料系统，在笼养鸡舍中常用，优点是坚固耐用、维修费用低、能耗低、每只鸡都能获得同样质量的新鲜饲料。料槽（图2-73）多用于笼养鸡舍，料桶（图2-74）、料盘（图2-75）多用于平养鸡舍。

图2-69　真空饮水器

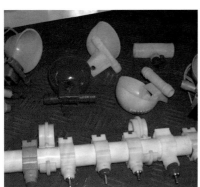

图2-70　各种饮水乳头

图2-71　乳头式饮水系统

图2-72　行车式喂料车

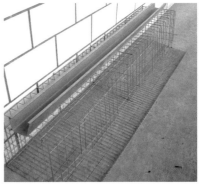

图2-73　产蛋鸡笼与料槽

| 图2-74 料桶 | 图2-75 料盘、塞盘式供料系统 |

（4）清粪设备　清粪设备包括自动清粪设备、人工清粪板和清粪车等。

2. 肉鸡饲养设备

（1）供料设备

① 开食盘　适用于雏鸡最初几天的饲养，目的是让雏鸡有更多的采食空间，开食盘有方形、圆形等不同形状。面积大小视雏鸡数量而定，一般为60 ～ 80只/个，圆形开食盘（图2-76）直径为350毫米或450毫米，多用塑料制成。

图2-76　开食盘

② 料桶　它的特点是一次可添加大量饲料，储存于桶内，鸡只可以不停地采食。料桶材料一般为塑料和玻璃钢，容重3 ～ 10千克。容量大，可以减少喂料次数，减少对鸡群的干扰，但由于布料点少，会影响鸡群的均匀度；容量小，喂料次数和布料点多，可刺激食欲，有利于肉鸡采食和增重。

③ 料槽　合理的料槽应该是表面光滑平整、采食方便、不浪费饲料、鸡不能进入、便于拆卸和清洗消毒。制作料槽的材料可选用木板、竹筒、镀锌板等。常见的料槽（图2-77）为条形，主要用于笼养种鸡。

④ 链条式喂料系统（图2-78） 包括料箱、驱动装置、支架型链式喂料系统。能够保证将饲料均匀、快速、及时地输送到整栋鸡舍。

图2-77　料槽

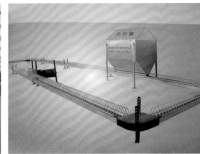

图2-78　链条式喂料系统

⑤ 行车式喂料系统　包括地面料斗（图2-79）、输料管道及管道内螺旋弹簧、动力系统，将饲料输送到鸡舍内的行车式喂料车。

⑥ 斗式喂料系统　包括室外料塔、输料管道及管道内螺旋弹簧、动力系统，将饲料输送到鸡舍内的斗式喂料车（图2-80）。

图2-79　地面料斗

图2-80　斗式喂料车

⑦ 塞盘式喂料系统（图2-81） 包括室外料塔、输料管道及管道内螺旋弹簧、动力，将饲料输送到鸡舍内的给料系统。

（2）饮水设备　一个完备的舍内自动饮水设备应该包括过滤、减压、消毒和软化装置，以及饮水器及其附属的管路等。其作用是随时都能供给肉鸡充足、清洁的饮水，满足鸡的生理需求，但是软化装置投资大，设备复杂，一般难以做到很理想的程度，可以根据当地水质硬度情况灵活安排。

目前，肉鸡常用的饮水器有水槽、乳头式饮水器、杯式饮水器、塔式真空饮水器、吊塔式饮水器等。

图2-81　塞盘式喂料系统

① 水槽　主要用于笼养肉种公鸡。水槽的截面呈V形和U形，多为长条形塑料制品，能同时供多只鸡饮用。水槽结构简单，成本低廉，便于直观检查。缺点是耗水量大，公鸡在饮水时容易污染水质，增加了疾病的传播机会。水槽应每天定时清洗消毒。水槽的水量控制有人工加水或水龙头长流水。

② 乳头式饮水器　分为锥面、平面和球面密封型三大类，设备利用毛细管原理，在阀杆底部经常保持挂有一滴水，当鸡啄水滴时便触动阀杆顶开阀门，使水自动流出供其饮用，平时则靠供水系统对阀体顶部的压力，使阀体紧压在阀座上防止漏水，乳头式饮水器适用于2周龄以上的肉鸡（图2-82、图2-83）。

③ 杯式饮水器　杯式饮水器（图2-84）由杯体、杯舌、销轴和密封帽等组成，它安装在供水管上。杯式饮水器供水可靠，不易漏水，耗水量小，不易传播疾病，缺点是鸡饮水时将饲料残渣带进杯

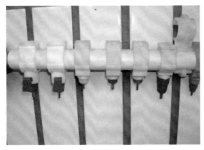

图2-82　乳头式饮水器

图2-83　平养自动乳头水线、料筒

内，需要经常清洗。

④ 塔形真空饮水器 由一个上部呈馒头形或尖顶的圆桶，与下面的1个圆盘组成。圆桶顶部和侧壁不漏气，基部离底盘高2.5厘米处开1～2个小圆孔，圆桶盛满水后，当底盘内水位低于小圆孔时，空气由小圆孔进入桶内，水就会自动流到底盘；当盘内水位高出小圆孔时，空气进不去，水就流不出来。这种饮水器结构简单，使用方便，便于清洗消毒。

⑤ 吊塔式饮水器（图2-85） 主要用于平养肉仔鸡。饮水器吊在鸡舍内，高度可调，不妨碍鸡的自由活动，又使鸡在饮水时不能踩入水盘，可以避免鸡粪等污物落入水中。顶端有进水孔，用软管与主水管相连。使用吊塔式饮水器时，水盘环状槽的槽口平面应与鸡背等高。

图2-84 杯式饮水器

图2-85 吊塔式饮水器

第三章
鸡的品种与选购雏鸡

第一节
蛋鸡品种

　　我国饲养的蛋鸡品种以引进品种为主，自主培育的蛋鸡品种饲养量所占比例很小，我国原始地方鸡品种及自主培育的品种、配套系肉质虽好，但产蛋量相对较少，多用于健康养殖和特种养殖。蛋鸡的品种很多，世界上有400多个品种，但目前流传下来用于育种的已经很少，主要有白来航鸡、白洛克鸡、洛岛红鸡、新汉夏鸡、芦花洛克鸡等。2006年出版的《中国禽类遗传资源》一书，共介绍了11个引进蛋用型鸡品种（品系），29个引进蛋用型鸡配套系，108个我国原始地方鸡品种，19个国内培育品种（品系），19个国外培育的蛋鸡配套系。

一、白壳蛋鸡

　　白壳蛋鸡主要是以白来航鸡为基础选育而成的，是蛋用型鸡的典型代表，它在世界范围内饲养量大，分布广。主要特点是体形小，耗料少，开产早，产蛋量高，饲料报酬高，饲养密度大，效益好，适应性强，商品蛋中血斑和肉斑发生率很低，商品代鸡可羽速自别雌雄，

图3-1 白壳鸡蛋

最适宜集约化笼养管理。主要问题是蛋重小，蛋皮薄，抗应激性差，啄癖多，特别是开产初期啄肛造成的伤亡率较高，所以在早期断喙时要多加注意。近年来在个别省份，因白壳蛋鸡的饲养量减少，白壳鸡蛋（图3-1）的价格反而更高。

二、褐壳蛋鸡

褐壳蛋鸡是在肉蛋兼用型品种的基础上，利用现代育种手段选育出的高产蛋鸡配套品系，而且随着育种技术的发展，褐壳蛋鸡的产蛋量有了长足的提高，加上消费者的喜爱，使褐壳蛋鸡在世界范围内增长较快，它的优点是蛋重大（图3-2），破损率低，便于运输和保存；鸡的性情温驯，对应激因素的敏感性低；鸡啄癖少，死亡率低，好管理，商品代鸡可羽色自别雌雄；体重较大，产肉量较高，产蛋期结束淘汰时价格较高。主要缺点是体重较大，耗料高（每天比白壳蛋鸡多耗料5～6克），占笼面积大（每只鸡比白来航鸡多占笼位面积15%左右），耐热性差；对饲养技术的要求比白壳蛋鸡高，易肥胖，易感染大肠杆菌病，鸡蛋中血斑、肉斑率高，感观不佳。近年来，一些育种公司通过选育已使褐壳蛋鸡的体重接近白壳蛋鸡。

三、粉壳蛋鸡

我国地方品种鸡产的蛋多为粉壳蛋（图3-3）。近年来，许多育种公司用白壳蛋鸡和褐壳蛋鸡杂交生产粉壳蛋鸡，成年母鸡羽色多以白色为基础，夹杂有黄、黑、灰等杂

图3-2 褐壳鸡蛋

图3-3　粉壳鸡蛋

羽色斑。粉壳蛋鸡最显著的特点是能表现出较强的褐壳蛋鸡与白壳蛋鸡的杂交优势，产蛋多，饲料报酬高。但生产性能不稳定。由于粉壳蛋鸡杂交优势明显，生命力与产蛋性能都比较突出，近年来发展速度较快，且因蛋壳颜色与我国许多地方鸡种的蛋壳颜色接近，其产品多以"土鸡蛋"出售，利润空间较大。粉壳蛋鸡的培育有两个途径：一是父系为中型种鸡，母系为轻型种鸡，其特点是父母代种母鸡体形较小，占笼位面积较少，商品代母鸡体重较轻，耗料较少，产蛋数较多，蛋重小，更接近真正的土鸡蛋；二是父系为轻型种鸡，母系为中型种鸡，其特点是父母代种母鸡体形较大，耗料较多，商品代母鸡体重和蛋重较大。

四、绿壳蛋鸡

　　源自我国原始地方品种，如麻城绿壳蛋鸡、东乡黑鸡。尤其东乡黑鸡，是一种十分奇特的蛋鸡新品种。它的皮、毛、肉、血、内脏均为黑色，但所产的蛋壳却为绿色（图3-4）。它的蛋白浓厚，蛋黄呈橘黄色，含有大量卵磷脂和维生素A、B族维生素、维生素E及微量元素碘、锌、硒。东乡黑鸡性情温驯，喜群居，抗病力强，适应性广。主食五谷杂粮，喜食青草、青菜、嫩树叶，母鸡年产蛋150枚，受精率、孵化率均可达90%，出壳养90天可达562克。

图3-4　绿壳鸡蛋

第二节

肉鸡品种

一、引进肉鸡品种（品系）

1. AA肉鸡

爱拔益加肉鸡简称AA肉鸡（图3-5），该品种由美国爱拔益加家禽育种公司育成，四系配套杂交，白羽。特点是体形大，生长发育快，饲料转化率高，适应性强。因其育成历史较长，肉用性能优良，为我国肉鸡生产的主要鸡种。祖代父本分为常规型和多肉型（胸肉率高），均为快羽，生产的父母代雏鸡可翻肛鉴别雌雄。祖代母本分为常规型和羽速自别型，常规型父系为快羽，母系为慢羽，生产的父母代雏鸡可用快慢羽鉴别雌雄；羽速自别型父系为慢羽，母系为快羽，生产的父母代雏鸡需翻肛鉴别雌雄，其母本与父本快羽公鸡配套杂交后，商品代雏鸡可用快慢羽鉴别雌雄。

常规型父母代种鸡平均开产日龄175天，开产体重2830～3060克，高峰产蛋率87%；入舍母鸡平均产蛋185枚，平均产雏159只。商品代肉鸡42日龄公鸡重3180克，母鸡重2690克，混养体重2940克。料肉比（2.24～2.58）∶1。

羽速自别型父母代种鸡平均开产日龄175天，开产体重2830～3060克，高峰产蛋率86%；入舍母鸡平均产蛋182枚，平均产雏155只。商品代肉鸡42日龄公鸡重3310克，母鸡重2760克，混养体重3040克。料肉比（2.24～2.59）∶1。

图3-5　AA肉鸡

2. 艾维茵肉鸡

艾维茵肉鸡是北京家禽育种公司引进的白羽肉鸡配套系（图3-6）。父母代种鸡育成期成活率95%；开产日龄175～182天，平均开产体重2900克，31～32周龄达产蛋高峰，高峰产蛋率86%；66周龄入舍母鸡平均产蛋187枚，平均产

图3-6　艾维茵肉鸡

合格种蛋176枚，平均产雏153只；产蛋期成活率90%～92%。商品代肉鸡42日龄公母鸡平均体重2180克，料肉比1.84∶1；49日龄公母鸡平均体重2680克，料肉比1.98∶1；56日龄公母鸡平均体重3150克，料肉比2.12∶1。

3. 海波罗肉鸡

海波罗肉鸡是荷兰泰高国际集团海波罗公司培育的白羽肉鸡配套系（图3-7）。父母代种鸡1～20周龄成活率94%；平均开产日龄161天，平均开产体重2660克，30周龄达产蛋高峰，高峰产蛋率84%；65周龄入舍母鸡

图3-7　海波罗肉鸡

平均产蛋183枚，平均产合格种蛋171枚，平均产雏139只，平均体重3675克。商品代肉鸡42日龄公母鸡平均体重2418克，料肉比1.74∶1；49日龄公母鸡平均体重2970克，料肉比1.85∶1。

4. 罗曼肉鸡

罗曼肉鸡是德国罗曼印第安河公司培育的白羽肉鸡配套系（图3-8）。父母代种鸡平均开产日龄182天，平均开产体重2520～2680克；30～31周龄达产蛋高峰，高峰产蛋率81%；64周龄入舍母鸡平均产蛋164枚，平均产合格种蛋155枚，平均产雏131只。商品代肉鸡35日龄公母鸡平均体重1495克，料肉比1.66∶1；42日龄

公母鸡平均体重1945克，料肉比1.82∶1；49日龄公母鸡平均体重2395克，料肉比1.98∶1；56日龄公母鸡平均体重2835克，料肉比2.15∶1；63日龄公母鸡平均体重3265克，料肉比2.30∶1。

图3-8　罗曼肉鸡

5. 安卡白肉鸡

安卡白肉鸡是以色列PBU公司培育的白羽肉鸡配套系（图3-9）。父母代种鸡平均开产日龄175天；66周龄入舍母鸡平均产蛋185枚，平均产合格种蛋174枚，平均产雏148只，淘汰鸡平均体重3680克。商品代肉鸡42日龄公鸡平均体重2245克，母鸡平均体重1845克，公母鸡平均体重2050克，料肉比1.90∶1；49日龄公鸡平均

图3-9　安卡白肉鸡

体重2780克，母鸡平均体重2220克，公母鸡平均体重2500克，料肉比2.05∶1。该公司还培育了快大黄羽肉鸡配套系——安卡红肉鸡。

6. 红宝肉鸡

红宝肉鸡是法国哈伯德伊莎公司培育的快大肉鸡配套系（图3-10）。父母代种鸡24周龄平均体重2425克；平均开产日龄168天，29～30周龄达产蛋高峰，高峰产蛋率85%；66周龄入舍母鸡平均产蛋188枚，平均产合格种蛋152枚，平均体重3200克。商品代肉鸡42日龄公母鸡平均体重1580克，料肉比1.85∶1；49日龄公母鸡平均体重1930克，料肉比

图3-10　红宝肉鸡

2.0∶1；56日龄公母鸡平均体重2280克，料肉比2.1∶1。

7. 罗斯308

罗斯308是英国罗斯公司培育的快大肉鸡配套系（图3-11、图3-12）。罗斯308父母代高峰产蛋率88%；平均产合格种蛋177枚，种蛋孵化率86%，平均产雏149只。商品代肉鸡可以混养，也可以通过羽速自别雌雄，把公母分开饲养，出栏均匀度好，成品率高。商品代肉鸡42日龄公母鸡平均体重2474克，料肉比1.72∶1；公鸡平均体重2676克，料肉比1.68∶1；母鸡平均体重2272克，料肉比1.77∶1；49日龄料肉比1.82∶1。

图3-11　罗斯308肉鸡

图3-12　罗斯308商品代

二、国内肉鸡品种

我国幅员辽阔，自然生态条件差异较大，在不同的地域分布着各具特色的地方鸡品种。多数鸡种是蛋肉兼用型，部分为产蛋或产肉，还有药用、观赏的。数量众多的地方品种为我国家禽育种工作者培育优质专门化品系提供了丰富的遗传资源。据分析，以各地地方品种为素材培育的优质肉鸡，无论是肌肉品质还是在肉质风味，都优于引进的快长型肉鸡，更适合中国人的消费习惯。

1. 右玉鸡

肉蛋兼用型。主产于山西省右玉县，分布于五寨、平鲁、偏关、神池、左云等地，以及与山西毗邻的内蒙古乌兰察布市的凉城、丰镇、兴和等地。该鸡种以适应性强、耐粗饲、耐寒、性情温驯、肉质鲜美而著称。

右玉鸡体形大，蛋重大。肉味鲜美，肉质细腻，肉色发红，肉中富含胶原蛋白；蛋黄比例大且沙，蛋黄金黄，鲜香适口。右玉鸡胸背宽深。喙石板色，较短，微弯曲。母鸡羽色以黄麻为主，有黑色、白色、褐麻色；公鸡羽毛金黄色，尾羽黑中带绿，长而弯垂。母鸡冠中等高，有单冠、玫瑰冠等，单冠多呈"S"形弯曲。胫青色或粉红色，以青色居多。少数鸡有凤冠、毛腿和五爪。山西省农业科学院畜牧兽医研究所2007年通过收集民间散养的右玉鸡，进行组群整理和生产性能测定，至2010年9月经过4个世代的家系纯繁，已形成5个具有不同外形特征的固定品系，即麻羽单冠、黑羽单冠、白羽单冠、有色羽复冠、白羽复冠（图3-13～图3-20）。

母鸡平均开产日龄240天，平均年产蛋120枚，平均蛋重67克，高者可达84克。蛋壳褐色、粉色。公鸡性成熟期110～130天。180日龄公鸡重1284克，母鸡重1169克；成年公鸡重3000克，母鸡重2000克。

山西省农业科学院畜牧兽医研究所育种群数据：雏鸡出壳重32～36克；70日龄公鸡1100克，母鸡850克；180日龄公鸡2000克，母鸡1500克；成年公鸡2100～2500克，母鸡2000～2250克。

图3-13　右玉鸡麻羽单冠公鸡

图3-14　右玉鸡麻羽单冠母鸡

高效养鸡全彩图解＋视频示范

图3-15 右玉鸡黑羽单冠公鸡　　图3-16 右玉鸡黑羽单冠母鸡

图3-17 右玉鸡白羽单冠公鸡　　图3-18 右玉鸡白羽单冠母鸡

图3-19 右玉鸡有色羽复冠　　　图3-20 右玉鸡白羽复冠

120日龄平均全净膛屠宰率公鸡75%，母鸡71%。五个品系平均开产日龄165～185天。500日龄入舍母鸡平均产蛋120～150枚，蛋重55～60克。

2. 北京油鸡

北京油鸡（图3-21）是北京地区特有的优良地方品种，距今已有300多年的历史。属肉蛋兼用型，具有特殊的外貌（即凤头、毛腿和胡子嘴）、肉质细嫩、肉味鲜美、蛋质优良、生命力强和遗传性稳定等特点。

北京油鸡体躯中等，羽色美观，羽色主要为赤褐色和黄色。赤褐色鸡体形较小，黄色鸡体形较大。雏鸡绒毛呈淡黄色或土黄色。冠羽、胫羽、髯羽也很明显，很惹人喜爱。成年鸡羽毛厚而蓬松。公鸡羽毛色泽鲜艳光亮，头部高昂，尾羽多为黑色。母鸡头、尾微翘，胫略短，体态敦实；单冠，冠小而薄，在冠的前端常形成一个小的"S"状褶曲。北京油鸡羽毛较其他鸡种特殊，具有冠羽和胫羽，有的个体还有趾羽。不少个体下颌或颊部有髯须，故称为"三羽"（凤头、毛腿和胡子嘴），这就是北京油鸡的主要外貌特征。

北京油鸡生长缓慢，出壳重平均38.4克，4周龄220克，8周龄549.1克，12周龄959.7克，16周龄1228.7克，20周龄公鸡平均1500克、母鸡1200克。全净膛屠宰率公鸡76.6%，母鸡65.6%。

母鸡平均开产日龄210天，开产体重1600克，在散养条件下平均年产蛋110枚，高的可达125枚，平均蛋重56克。蛋壳褐色、浅紫色。公鸡性成熟期60～90天。成年公鸡重2049克，母鸡重1730克。

3. 汶上芦花鸡

芦花鸡（图3-22）原产于汶上县的汶河两岸，故为汶上芦花鸡，蛋肉兼用型。现以该县西北

图3-21　北京油鸡

部的军屯、杨店、郭仓、郭楼、城关、寅寺6乡镇饲养数量最多，另汶上县相邻地区也有分布。汶上芦花鸡遗传性能稳定，具有一致的羽色和体形特征，体形小，耐粗饲，抗病力强，产蛋较多，

图3-22 汶上芦花鸡

肉质好，深受当地群众喜爱，在当地饲养量较大，但近十年来随外来鸡种的推广，产区芦花鸡的数量已占很小的比例，鸡群开始混杂，种质出现退化，产蛋性能良莠不齐。

汶上芦花鸡体形呈"元宝"状，颈部挺直，前躯稍窄，背长而平直，后躯宽而丰满，胫较长，尾羽高翘。横斑羽是该鸡外貌的基本特征，全身大部分羽毛呈黑白相间、宽窄一致的斑纹状。母鸡头部和颈羽边缘镶嵌橘红色或黄色，羽毛紧密，清秀美观。公鸡颈羽和鞍羽多呈红色，尾羽呈黑色且带有绿色光泽。头型多为平头，冠以单冠为主，有少数胡桃冠、玫瑰冠、豆冠。喙基部为黑色，边缘及尖端呈白色。虹彩以橘红色居多，土黄色次之。爪部颜色以白色居多，皮肤白色。胫、趾以白色居多，也有花色、黄色或青色的。

成年公、母鸡体重分别为1.40千克和1.26千克，体斜长分别为16.4厘米和17.8厘米。雏鸡生长速度因饲养条件、育雏季节不同而有一定差异。到4月龄公鸡平均体重1180克，母鸡920克。羽毛生长较慢，一般到6月龄才能全部换为成年羽。公、母鸡全净膛屠宰率分别为71.21%和68.91%。

母鸡性成熟期为150～180天，平均开产日165天，年产蛋130～150枚，高者达180～200枚，平均蛋重45克。蛋壳多为粉红色，少数为白色。公鸡性成熟期150～180天。公母比例1：（12～15），种鸡受精率90%以上。就巢性母鸡占3%～5%，持续20天左右。成年鸡换羽时间一般在每年9月份以后，换羽持续时间不等，高产个体在换羽期仍可产蛋。

4. 固始鸡

蛋肉兼用型。原产于河南省固始县。主要分布于淮河流域以南、大别山山脉北麓的固始、商城、新县、光山、息县、潢川、罗山、淮滨等地，安徽省霍邱、金寨等地也有分布。

图3-23　固始鸡

固始鸡（图3-23）个体中等，外观清秀灵活，体形细致紧凑，结构匀称，羽毛丰满，尾形独特。初生雏绒羽呈黄色，头顶有深褐色绒羽带，背部沿脊柱两侧各有4条深褐色绒羽带。成年鸡冠型分为单冠与豆冠两种，以单冠者居多。冠直立，冠齿为6个，冠后缘冠叶分叉。冠、肉髯、耳叶和脸均呈红色。眼大略向外凸起，虹彩呈浅栗色。喙短略弯曲、呈青黄色。胫呈靛青色，四趾，无胫羽。尾形分为佛手状尾和直尾两种，佛手状尾尾羽向后上方卷曲，悬空飘摇是该品种的特征。皮肤呈暗白色。公鸡羽色呈深红色和黄色，镰羽多带黑色而富青铜光泽。母鸡的羽色以麻黄色和黄色为主，白色、黑色很少。固始鸡性情活泼，敏捷善动，觅食能力强。

固始鸡平均出壳重33克，30日龄106克，60日龄266克，90日龄公鸡488克、母鸡355克；120日龄公鸡650克、母鸡497克，180日龄公鸡1270克、母鸡967克，成年公鸡2470克、母鸡1780克。180日龄公鸡平均半净膛屠宰率81.76%，平均全净膛屠宰率73.92%；开产前母鸡平均半净膛屠宰率80.16%，平均全净膛屠宰率70.65%。

母鸡平均开产日龄205天，平均年产蛋141枚，平均蛋重51克。公鸡性成熟期110天。公、母鸡配种比例1∶12。种蛋平均受精率90.4%，受精蛋孵化率83.9%。公母鸡可利用年限1～2年。

自1998年起，河南省三高集团利用固始当地的资源组建基础群，采用家系选育和家系内选择开展系统工作，形成了多个各具特色的品系。

5. 文昌鸡

肉蛋兼用型。主产于海南省文昌市，分布于海南省境内及广东省湛江等地。文昌鸡以皮薄、骨酥、肌肉嫩滑、肉质鲜美、耐热、耐粗而著名。

文昌鸡羽色有白色、黄色、芦花色和黑色等（图3-24～图3-26）。体形前小后大，呈楔形，体躯紧凑，颈长短适中，胸宽，背腰宽短，结构匀称。单冠，冠齿6～8个。冠、肉髯、耳叶鲜红。皮肤米黄色，胫、趾短细，胫前宽后窄，呈三角形，胫、趾淡黄色。

文昌鸡平均出壳重28克，30日龄195克，90日龄公鸡1050克、母鸡980克，120日龄公鸡1500克、母鸡1300克，成年公鸡1800克、母鸡1500克。成年公鸡平均全净膛屠宰率75.00%，母鸡70.30%。

母鸡平均开产日龄145天，68周龄产蛋100～132枚，平均蛋重49克。蛋壳浅褐色或乳白色。公母鸡配种比例1∶（10～13）。种蛋合格率95%以上，种蛋平均受精率90%，受精蛋孵化率90%。公鸡利用年限1～2年，母鸡2～3年。

图3-24 文昌白羽鸡

图3-25 文昌黄羽鸡

6. 清远麻鸡

小型肉用型。原产于广东省清远县（现清远市）。分布于原产地邻近的花都区、四会县、佛冈县等地及珠江三角洲的部分地区。目前，在广东省清远市建有保种

图3-26 文昌芦花鸡

图3-27　清远麻鸡

场。因母鸡背侧羽毛有细小黑色斑点，故称麻鸡（图3-27）。它以体形小、皮下和肌间脂肪发达、皮薄骨软而著名，素为我国活鸡出口的小型肉用名产鸡之一。

体形特征可概括为"一楔""二细""三麻身"。"一楔"指母鸡体形像楔形，前躯紧凑，后躯圆大；"二细"指头细、脚细；"三麻身"指母鸡背羽面主要有麻黄、麻棕、麻褐三种颜色。公鸡颈部长短适中，头颈部、背部的羽毛金黄色，胸羽、腹羽、尾羽及主翼羽黑色，肩羽、蓑羽枣红色。母鸡颈长短适中，头部和颈前三分之一的羽毛呈深黄色。背部羽毛分黄、棕、褐三色，有黑色斑点，形成麻黄、麻棕、麻褐三种。单冠直立。胫、趾短细、呈黄色。

农家饲养以放牧为主，在天然食饵较丰富的条件下，其生长发育较快，120日龄公鸡平均体重为1250克，母鸡为1000克，但一般要到180日龄才能达到肉鸡上市的体重。

育肥方法多采用暗室笼养。成年公鸡平均体重为2180克，母鸡为1750克。屠宰测定：6月龄母鸡平均半净膛屠宰率为85%、全净膛屠宰率为75.5%，阉公鸡平均半净膛屠宰率为83.7%、全净膛屠宰率为76.7%。年产蛋70～80枚，平均蛋重46.6克，蛋形指数1.31，蛋壳浅褐色。

7. 杏花鸡

又称"米仔鸡"，小型肉用型。主产于广东省封开县杏花乡，主要分布于广东省封开县内，周边地区也有分布。

杏花鸡（图3-28）具有早熟、易肥、皮下和肌间脂

图3-28　杏花鸡

肪分布均匀、骨细皮薄、肌纤维细嫩等特点。鸡体特征可概括为
"两细"（头细、脚细）、"三黄"（羽黄、脚黄、喙黄）和"三短"
（颈短、体躯短、脚短）。皮肤多为淡黄色。公鸡头大，冠大直立，
冠、耳叶及肉髯鲜红色；虹彩橙黄色；羽毛黄色略带金红色，主
翼羽和尾羽有黑色；脚黄色。母鸡头小，喙短而黄；单冠，冠、
耳叶及肉髯红色；虹彩橙黄色；体羽黄色或浅黄色，颈基部羽多
有黑斑点（称"芝麻点"），形似项链；主翼羽、副翼羽的内侧多
呈黑色，尾羽多数有几根黑羽。杏花鸡羽毛生长速度较快，3日
龄的雏鸡开始长主翼羽，羽长达 0.5 ～ 1.5 厘米，20 日龄开始长主
尾羽，40 日龄身体各部分羽毛都开始生长，60 日龄全部长齐，羽毛
丰满。

　　农家以放养为主，整天觅食天然食饵，只在傍晚归牧后饲以糠
拌稀饭，因此，杏花鸡早期生长缓慢。在用配合饲料条件下，据测
定，112 日龄公鸡的平均体重为 1256.1 克，母鸡的平均体重为 1032.7
克。未开产的母鸡，一般养至 5 ～ 6 月龄，体重达 1000 ～ 1200 克，
经 10 ～ 15 天育肥，体重可增至 1150 ～ 1300 克。

　　56 日龄公鸡平均体重 498 克，母鸡 461 克；84 日龄公鸡 835 克，
母鸡 704 克；112 日龄公鸡 1256 克，母鸡 1033 克；成年公鸡 1950
克，母鸡 1590 克。112 日龄公鸡平均半净膛屠宰率 79.0%，母鸡
76.0%；112 日龄公鸡平均全净膛屠宰率 74.7%，母鸡 70.0%。

第三节

如何选购雏鸡

一、品种的选择

1. 蛋雏鸡的品种选择

　　优良的品种是提高养鸡生产水平的根本，所以选择好品种至关
重要。选择优良品种要根据实际条件和市场需求进行选择。

（1）优良蛋鸡品种应具备的特征

① 具有很高的产蛋性能，年平均产蛋率达75%～80%，平均每只入舍母鸡年产蛋16～18千克。如果是特色品种，应有突出的独特优势，其产品应有高的市场价位。

② 有很强的适应性、抗应激能力和抗病力，育雏成活率、育成率和产蛋期存活率都能达到较高水平。

③ 鸡群整齐度好，体质强健，体力充沛，反应灵敏、性情活泼，能维持持久的产蛋高峰。

④ 蛋壳质量好，即使在产蛋后期和夏季仍然保持较低的破损率，便于保存、运输和销售。

（2）优良蛋鸡品种选择的依据

① 根据市场需求确定饲养的蛋鸡品种，我国由于南北方的消费心理不同，南方比北方更偏爱褐壳鸡蛋，北方则偏重于白壳蛋。现在绿壳蛋、粉壳蛋价格较高。

② 自然条件比较恶劣，饲养经验不足的，应该首选抗病力和抗应激能力较强的鸡种。

③ 鸡舍设计合理、鸡舍控制环境能力较强、有一定饲养经验的农户，可以首选产蛋性状突出的鸡种。

④ 鸡蛋以个计价销售和欢迎小鸡蛋的地区，可以养体形小、蛋重小的鸡种。鸡蛋以重量计价销售和喜欢大鸡蛋的地区，应选蛋重大的鸡种。

⑤ 天气炎热的地方应饲养体形较小、抗热能力强的鸡种，寒冷地区应饲养体重稍大、抗寒能力强的鸡种。

2. 肉仔鸡的品种选择

优良的品种是提高肉仔鸡生产效益的根本，所以选择好品种至关重要。优良品种要根据实际条件和市场需求进行选择。所选品种应该是经过相关机构认定的；有很强的适应性、抗应激能力和抗病力，成活率高；鸡群整齐度好，体质强健，体力充沛，反应灵敏、性情活泼；产品售价高，有一定的市场需求。

二、种鸡场的选择

1. 蛋雏鸡种鸡场

无论是购买父母代还是商品代雏鸡，无论选购哪个品种的鸡，必须选择有《种畜禽生产经营许可证》、规模较大、经验丰富、技术力量强、没发生严重疫情、信誉度高的种鸡场购买雏鸡。这些种鸡场种鸡来源清楚，饲养管理严格，雏鸡质量一般都有一定的保证，而且抵御市场风险的能力强，能按合同规定的时间、数量供雏，且售后服务也比较完善。管理混乱、生产水平不高的种鸡场，很难提供具有高产能力的雏鸡。选择种鸡场很重要，切不可随便引种。

2. 肉仔鸡种鸡场

无论选购什么类型的鸡种，必须在有《种畜禽生产经营许可证》、规模较大、经验丰富、技术力量强、没发生严重疫情、信誉度高的种鸡场购买雏鸡。这些种鸡场种鸡来源清楚，饲养管理严格，雏鸡一般都有一定的保证，而且抵御市场风险的能力强，能信守合同。管理混乱、生产水平不高的种鸡场，很难提供高品质的雏鸡，所以应选择好场家，切不可随便引种。

三、健康雏鸡的选择

1. 健康蛋雏鸡的选择

对雏鸡个体质量的选择，主要通过观察外表形态来选择健康雏鸡。可采用"一看、二听、三摸"的方法进行选择：一看雏鸡的精神状态，羽毛整洁有光泽，喙、腿、趾端正，眼睛明亮有神，肛门周围干净、绒毛整洁、白粪，脐孔愈合良好、不红肿；二听雏鸡的叫声，健康的雏鸡叫声响亮而清脆，弱雏叫声嘶哑微弱或鸣叫不止；三摸是将雏鸡抓握在手中，触摸其骨架发育状态、腹部大小及松软程度，健康雏鸡较重，手感饱满、有弹性、挣扎有力。

2. 健康肉雏鸡的选择

主要通过观察外表形态，选择健康雏鸡（图3-29）。可采用

"一看、二听、三摸"的方法进行选择：一看雏鸡的精神状态，羽毛整洁程度，喙、腿、趾是否端正，眼睛是否明亮，肛门有无白粪、脐孔愈合是否良好（图3-30）；二听雏鸡的叫声，健康的雏鸡叫声响亮而清脆，弱雏叫声微弱或鸣叫不止；三摸是将雏鸡抓握在手中（图3-31），触摸其骨架发育状态、腹部大小及松软程度，健康雏鸡较重，手感饱满、有弹性、挣扎有力。

图3-29　健康雏鸡

图3-30　脐部吸收良好

图3-31　手握检查

第四章

鸡的营养标准及饲料配制

第一节
常用饲料原料

一、能量饲料

能量饲料的基本营养特性是其干物质粗纤维含量小于18%，而粗蛋白质含量小于20%。能量饲料主要包括谷实及其精加工副产品、脱水块根、块茎及动植物油脂等。

1. 谷实类

此类饲料一般淀粉含量高、消化性好、有效能值高，粗纤维含量除大麦、燕麦等之外均低，是配合饲料中最常用的功能原料之一。

（1）玉米　谷实中以玉米有效能值最高。玉米无氮浸出物含量丰富，而粗纤维含量却很低，故极易消化，营养物质消化率很高。玉米适口性极佳，畜禽极喜采食。玉米中硫胺素含量相当丰富；黄色玉米还含有较多胡萝卜素。玉米的主要缺点是蛋白质含量低，且品质较差；色氨酸和赖氨酸含量严重不足，因而玉米蛋白质生物效价较低。玉米钙的含量少且缺乏维生素D，烟酸的含量则比小麦和大麦低，核黄素含量也贫乏，不宜单独作为畜禽饲料。用玉米饲喂家禽，特别是饲喂幼禽和妊娠母禽时，除应补充钙、磷外，还必须补加优质蛋白质饲料。

玉米按品种可分为马齿玉米、硬质玉米、甜玉米、爆裂玉米、粉质玉米、蜡质玉米和有稃玉米。按颜色可分为黄玉米、白玉米和混合玉米。玉米是鸡最重要的饲料原料，其热能高，最适合肉鸡育肥用，且黄玉米对肤色、脚色及蛋黄着色有良好效果，蛋鸡饲料也广为使用。硬玉米维生素B_2含量高，着色能力较优，而且硬度高，粉碎后硬度均匀，鸡较喜食。就鸡而言，各种谷物蛋白的生物效价除了赖氨酸玉米外，效果最好的就是马齿玉米。

我国饲料用玉米国家标准规定：玉米感官性状应籽粒整齐、均匀；色泽呈黄色或白色，无发酵、霉变、结块及异臭味。水分含量一般地区不得超过14%，东北地区、内蒙古、新疆不得超过18%，分级标准是以粗蛋白、粗纤维、粗灰分百分含量为质量控制指标而分为三级，各项指标均以86%干物质为基础计算；三项指标必须全部符合相应等级规定，二级为中等质量标准，低于三级者为等外品（表4-1）。

表4-1　饲料用玉米质量标准

质量标准	等级		
	一级	二级	三级
粗蛋白/%	≥9.0	≥8.0	≥7.0
粗纤维/%	<1.5	<2.0	<2.5
粗灰分/%	<2.3	<2.6	<3.0

（2）高粱　高粱所含无氮浸出物及脂肪均略低于玉米，总营养价值仅为玉米的70%～90%。高粱蛋白质含量略高于玉米，但品质不佳；赖氨酸、色氨酸和苏氨酸含量均较低，因而其蛋白质的生物效价不高。饲喂高粱时必须同时补加蛋白质饲料，才能获得满意的效果。此外，高粱中还含有约1%的鞣酸，因此适口性较差，过量饲喂易引起便秘。

配合饲料中鞣酸宜控制在0.2%以下，高粱以10%～20%的比例配合于肉鸡、火鸡、雏鸡与蛋鸡饲料中效果良好。高粱所含叶黄素等色素比玉米低，对鸡皮肤及蛋黄无着色作用，应配合苜蓿草粉、叶粉等使用。鸡饲料中高粱用量高时，应注意维生素A的补充及必需脂肪酸是否够用，氨基酸及热能是否满足需要等。用含鞣酸高的高粱喂鸡易引起其关节肿胀而并发脚弱症，但添加DL-蛋氨酸可预防其发生，赖氨酸、蛋氨酸并用可增强其效果。种鸡饲喂高鞣酸高粱，会使产蛋率及受精率降低，但不影响其孵化率。

我国饲料用高粱的质量标准等级以原料含干物质86%为基准，并在此基础上以粗蛋白质、粗纤维、粗灰分的百分含量为指标，将其分为三个标准等级，以二级为中等，低于三级为等外品（表4-2）。

表4-2　饲料用高粱质量标准

质量标准	等级		
	一级	二级	三级
粗蛋白/%	≥9.0	≥7.0	≥6.0
粗纤维/%	<2.0	<2.0	<3.0
粗灰分/%	<2.0	<2.0	<3.0

（3）大麦　大麦亦是一种广泛应用的能量饲料。大麦比燕麦含有较多的蛋白质与无氮浸出物，而粗纤维含量却较少，因而消化率比燕麦高。大麦总营养价值较燕麦高20%，但略低于玉米。大麦亦具有其他谷实类相似的缺点。主要是蛋白质品质较差，胡萝卜素和维生素D缺乏，维生素B₂含量亦很少，但大麦富含烟酸（含量约比玉米高3倍）。

大麦对鸡的饲料价值劣于玉米，因热能不足导致饲料摄取量及排泄量增加，也有报告指出，蛋鸡饲喂大麦虽不影响产蛋率，但因能值低导致饲料效率明显下降，经压成大麦片则可改善饲料效率。饲喂大麦的肉鸡腹腔内脂肪熔点高，但对肌肉中脂肪酸的组成及熔点却无影响。大麦不含色素，对卵黄及肤色无着色作用。

我国饲料用大麦质量标准以原料的干物质含量87%为基础，以在此干物质基础上的粗蛋白质、粗纤维、粗灰分含量为指标，划分为三个标准等级，以二级为中等，低于三级的为等外品（表4-3）。

表4-3　饲料用大麦质量标准

质量标准	等级		
	一级	二级	三级
粗蛋白/%	≥11.0	≥10.0	≥9.0
粗纤维/%	<5.0	<5.5	<6.0
粗灰分/%	<3.0	<3.0	<3.0

（4）小麦　小麦的有效能值低于玉米，而蛋白质含量却较高。小麦缺乏赖氨酸，所含B族维生素及维生素E较多，尤其胚芽富含维生素E。小麦全量取代玉米用于鸡饲料，其饲料效率仅及玉米的90%，故取代量以1/3～1/2为宜。小麦粉碎太细会引起粘嘴现象，造成适口性降低，但制成颗粒饲料则无此虑。

我国饲料用小麦质量的等级标准以原料的干物质含量87%为基准，以在此基础上粗蛋白质、粗纤维、粗灰分的百分含量为指标，以二级为中等，低于三级为等外品（表4-4）。

表4-4　饲料用小麦质量标准

质量标准	等级		
	一级	二级	三级
粗蛋白/%	≥14.0	≥12.0	≥10.0
粗纤维/%	<2.0	<3.0	<3.5
粗灰分/%	<2.0	<2.0	<3.0

（5）稻谷与糙米　稻谷与糙米的唯一区别就是稻壳之有无。稻壳是所有谷物外皮中营养最低者，成分多为木质素和硅酸，占稻谷的20%～25%，稻谷的消化率低于糙米，营养价值可估计为玉米或糙米的80%。糙米蛋白质含量及氨基酸组成与玉米等谷物类同。碳

水化合物以淀粉为主，约占白米的75%，另有糊精1%、糖0.5%、多戊糖。淀粉微粒呈多角形，甚易糊化（60℃）。脂肪在糙米中约占2%，大部分存在于米糠及胚芽中，因此白米仅含脂肪0.8%，构成米油的脂肪酸以油酸（45%）和亚油酸（33%）为主。糙米中矿物质含量不多，约占1.3%，主要在种皮及胚芽中，白米灰分为0.5%，以磷酸盐为主，植酸磷占（69%），磷的利用率约为16%，钙含量甚低。糙米中B族维生素含量较高，且随精制程度而减少，维生素含量与一般谷物类似，但β-胡萝卜素含量极低。

以陈米为肉用仔鸡饲料，增重效果并不比玉米差。肉用仔鸡给饲糙米（20%及40%）的饲养效果，到8周龄止，与玉米比较毫不逊色，有报道称：新米与旧米之间或糯米与粳米之间也毫无差别。糙米饲喂蛋鸡对产蛋率、饲料效率无不良影响，唯蛋黄颜色较浅。稻谷因粗纤维含量较高，对肉鸡饲料应限量使用。热处理后的稻谷经雏鸡试验表明，对雏鸡生长无改善效果。稻谷代谢能显著低于糙米。

饲用稻谷的质量标准等级以原料干物质含量86%为基准，以在此干物质基础上的粗蛋白质、粗纤维、粗灰分的百分含量为指标，划分为三个标准等级，以二级为中等质量标准，低于三等为等外品（表4-5）。

表4-5　饲料用稻谷质量标准

质量标准	等级		
	一级	二级	三级
粗蛋白/%	≥8.0	≥6.0	≥5.0
粗纤维/%	<9.0	<10.0	<12.0
粗灰分/%	<5.0	<6.0	<8.0

（6）燕麦　燕麦含有的外壳占整个籽实的1/5～1/3，故其粗纤维含量较高。燕麦的营养价值在所有谷实中是最低的，总营养价值仅为玉米的75%～80%。但燕麦蛋白质含量较高，且品质良好，并

含有丰富的胆碱和B族维生素。此外，燕麦质地疏松，适口性甚佳，具有调养作用。

燕麦对肉鸡、蛋鸡均应避免使用，供育肥鸡使用效果不佳，而且使排泄物中含水率增加，燕麦仅用于种鸡减肥及热能要求不高的饲料。此外，燕麦对啄毛等异食癖现象有一定的防治作用。

我国尚未制定饲料用燕麦的质量标准。商品粮以二等为中等质量标准，低于三等的为等外品（表4-6）。

表4-6　商品燕麦质量标准

纯粮率/%		杂质/%	水分/%	色泽、气味
等级	最低指标			
一级	97.0			
二级	94.0	1.5	14.0	正常
三级	91.0			

2. 糠麸类

（1）小麦麸　小麦麸是生产面粉的副产品，其组成中主要是小麦种皮、胚及少量面粉。小麦麸所含蛋白质的品质较玉米或整粒小麦为佳，但不及大豆粕和动物性蛋白品质。小麦麸含钙量低而含磷颇多，但其中大部分为植酸磷。小麦麸几乎不含维生素A或维生素D，但富含烟酸和硫胺素。维生素B_2含量虽较少，但要比整粒小麦高2倍。

麸皮热能不高，故肉鸡育肥很少使用，种鸡及蛋鸡可使用5%～10%，而为了控制生长鸡后备种鸡的体重，其饲料中可使用15%～20%。

我国饲用小麦麸质量标准等级要求小麦麸的水分含量不得超过13%。以原料的干物质含量87%为基准，以在此干物质基础上的粗蛋白质、粗纤维、粗灰分的百分含量为指标，划分为三个标准等级，二级饲用小麦麸为中等质量标准，低于三级者为等外品（表4-7）。

表4-7　饲料用小麦麸质量标准

质量标准	等级		
	一级	二级	三级
粗蛋白/%	≥15.0	≥13.0	≥11.0
粗纤维/%	<9.0	<10.0	<11.0
粗灰分/%	<6.0	<6.0	<6.0

（2）米糠与脱脂米糠　大米糠是稻谷加工副产品，其中除种皮外，还含有少量碎米和颖壳。大米糠的总营养价值高于小麦麸。蛋白质含量虽与小麦麸近似，但必需氨基酸含量却超过小麦麸。大米糠中富含B族维生素，维生素E的含量也很丰富，但缺乏维生素A和维生素D。由于大米糠中脂肪含量很高，且大部分是不饱和脂肪酸，因此过量饲喂易使肉脂和乳脂软化。全脂米糠可补充鸡所需的B族维生素、锰及必需氨基酸，但用全脂米糠取代玉米饲养效果随用量增加（20%～60%）而变劣，用高压蒸汽加热等处理使胰蛋白酶失活后，饲料价值提高。雏鸡经常采食大量全脂米糠，会导致胰脏肥大，如将米糠加热高压处理则肥大程度减轻。一般鸡饲料以使用5%以下为宜，颗粒饲料可酌情增至10%左右。脱脂米糠可增加用量。米糠用量提高不仅会影响适口性，还会因植酸过多降低钙、镁、锌、铁等矿物质的利用率。

我国饲用米糠的质量等级标准要求米糠的水分含量应低于13%，以干物质含量87%为基准，以在此干物质基础上的粗蛋白、粗纤维、粗灰分的百分含量为指标，划分为三个标准等级（表4-8）。

表4-8　饲料用米糠质量标准

质量标准	等级		
	一级	二级	三级
粗蛋白/%	≥13.0	≥12.0	≥11.0
粗纤维/%	<6.0	<7.0	<8.0
粗灰分/%	<8.0	<9.0	<10.0

（3）大麦麸　大麦麸是大麦加工副产品，包括种皮、外胚乳和糊粉层。大麦麸分为粗制麸、精制麸和混合麸。精制大麦麸营养价值与小麦麸近似，含硫胺素、烟酸和胆碱较多，而维生素B_2较少；矿物质中磷、钾较多，而钙较少。粗制大麦麸因粗纤维含量高，不宜用于鸡饲料。混合麸视其品质情况，蛋鸡饲料中使用10%以下为宜，肉鸡饲料中应避免使用。

3. 油脂

用作能量饲料的油脂，包括动物油脂（牛油、猪油、禽油等）与植物油脂（棕榈油、米糠油、大豆油等）。油脂为高能饲料，据用鸡试验测定，其有效能值平均为玉米的2.5倍。油脂不仅本身热能值高，且可改善其他营养成分的吸收，故其具有外加增热效应。此外，油脂的热增耗较低，故较碳水化合物和蛋白质饲料具有较高的净能值。植物油还是必需脂肪酸的重要来源之一。

不同油脂源及脂肪酸对鸡的热能值及消化率也不同。来源相同，在不同生长期利用率亦有差别。甘油三酯利用率较佳，分解成脂肪酸后利用率变差，高度不饱和脂肪酸吸收率较好。猪油吸收率随着碳链长度而呈规律性变化，植物油吸收率高于牛油。不同油源混合后，因脂肪酸之间互补作用，可提高其利用率。鸡对必需脂肪酸需求量高于猪、牛。含亚麻油酸较多的植物（如大豆油等）饲用价值高于猪油、牛油。蛋鸡饲料添加油脂，尤其是不饱和脂肪酸高的油脂，可增加蛋重，在炎热的夏季，效果尤为明显。肉鸡、火鸡饲料，因代谢能需求高，一般可添加2%～5%的油脂。

4. 块茎瓜果

块根、块茎和瓜果类自然含水率高达70%～90%，干物质含量仅10%～30%，故习惯称之为多汁饲料。其干物质中主要是淀粉和糖，粗纤维和粗蛋白质含量均较低，符合能量饲料条件，故归属于能量饲料。主要是胡萝卜、甘薯、甜菜、马铃薯、菊芋、木薯、芜菁、南瓜及各种落果等。这类饲料主要特点是干物质中主要含淀粉和糖；粗纤维含量甚低，一般不足10%；蛋白质含量亦低，仅

5%～10%；矿物质中钙、磷贫乏。这类饲料中仅甘薯、木薯、马铃薯等常常经脱水加工成能量饲料（有效能值接近玉米）外，其他根茎、瓜果则主要以自然含水状态用作饲料。

木薯皮部含氢氰酸较多，去皮生木薯含氢氰酸10～370毫克/千克，连皮者有些高达560毫克/千克，加热、干燥、水煮及精制淀粉均可除去氢氰酸，但饲用木薯仍不可掉以轻心。木薯干物质中淀粉含量近80%，其中直链淀粉占83%～99%，热能颇高。蛋白质含量在1.5%～4%，且蛋白质品质不佳，其中50%左右为非蛋白氮，以亚硝酸及硝态氮居多，对非反刍动物无利用价值。在氨基酸组成上，赖氨酸、色氨酸较佳，蛋氨酸及胱氨酸缺乏。在粗灰分中钙、钾含量高而磷低，微量元素及维生素几乎为零，脂肪含量也相当低。木薯含量高的日粮要特别注意必需脂肪酸是否足够。以木薯与大豆产品配成的全价饲料，因所含植酸高，影响钙、钾吸收，应予额外添加。木薯具有生长抑制因子，高量使用会出现适口性差、增重低及死亡率增加的现象，家禽以使用10%以下为宜，蛋鸡可酌情增至20%，除蛋黄颜色变浅外，无其他明显不良影响。

甘薯为蔓生植物块根，做配合饲料原料使用的均需切片或制丝、干燥、粉碎。甘薯热能低于玉米，成分特点与木薯相似，但不含氢氰酸，红心甘薯叶黄素含量很高。生甘薯具有生长抑制因子，加热后可消除不良影响，改善消化率。甘薯容积大，易造成饱腹感，雏鸡、肉鸡较少使用，优良甘薯在蛋鸡饲料中可用至10%，如另补充蛋白质、氨基酸等成分，可得到良好的饲养效果。

二、蛋白质饲料

1. 植物性蛋白质饲料

植物性蛋白质饲料主要指植物性饼粕及某些豆类。此外，玉米蛋白、浓缩叶蛋白及某些植物加工副产品也属此类。

（1）大豆饼粕　大豆饼粕是饼粕类饲料中最富有营养的一种饲料，蛋白质含量高达42%～46%，且蛋白质营养价值颇高，是赖氨酸、色氨酸、甘氨酸和胆碱的良好来源。氨基酸组成接近动物性饲料，但含硫氨基酸含量却较葵花籽饼粕和棉籽饼粕少。粗纤维主要来自大豆皮，无氮浸出物主要是蔗糖、棉籽糖、水苏糖及多糖类，淀粉含量低，矿物质中钙少磷多，磷多属于植酸磷。维生素A、维生素D、维生素B_2含量少，其他B族维生素含量较高。此外，大豆粕色泽佳，风味好，加工适当不含抗营养因子，成分变异少，品质稳定，使用无用量限制。处理良好的大豆粕添加蛋氨酸是鸡饲料绝佳的蛋白质源，氨基酸平衡，消化率高，任何生长阶段的家禽均可使用，尤其对幼雏的效果，更是其他饼粕难以取代的。加热不良的豆粕可导致腹泻，胰腺肿大，发育受阻，这种影响对雏鸡尤甚，随着鸡龄增加而减小，甚至可引起雏鸡死亡，对产蛋鸡会使产蛋率大幅下降。火鸡使用加热不足的大豆粕会导致骨软症。

饲料用大豆粕国家规定的感官性状为：本品呈浅黄色不规则的碎片状，色泽一致，无发酵、霉变、结块、虫蛀及异嗅；水分含量不得超过13%；不得掺入饲料用大豆粕以外的物质；若加入抗氧化剂、防霉剂时，应作相应说明。质量指标及分级标准：以粗蛋白质、粗纤维、粗灰分为质量控制指标，按含量分为三级，各项质量指标含量均以87%干物质基础计算。三项质量指标全部符合相应等级的规定；二级为中等质量标准，低于三级者为等外品（表4-9）。饲用大豆粕的脲酶活性不得超过0.4。

表4-9　饲料用大豆粕质量标准

质量标准	等级		
	一级	二级	三级
粗蛋白/%	≥44.0	≥42.0	≥40.0
粗纤维/%	<5.0	<6.0	<7.0
粗灰分/%	<6.0	<7.0	<8.0

饲用大豆饼国家标准规定的感官性状为：呈黄褐色饼状或小片状。色泽新鲜一致，无发酵、霉变、虫蛀及异味和异嗅；水分

含量不得超过13%；夹杂物不得掺入饲料用大豆饼以外的物质等。质量指标及分级标准是以粗蛋白质、粗脂肪、粗纤维及粗灰分为质量控制指标；按含量分为三级（表4-10）。其脲酶活性规定同大豆粕。

表4-10　饲料用大豆饼质量标准

质量标准	等级		
	一级	二级	三级
粗蛋白/%	≥41.0	≥39.0	≥37.0
粗脂肪/%	<8.0	<8.0	<8.0
粗纤维/%	<5.0	<6.0	<7.0
粗灰分/%	<6.0	<7.0	<8.0

（2）棉籽饼粕　棉籽饼粕蛋白质含量亦较高，一般在35%左右。棉籽饼粕蛋白质的氨基酸组成主要取决于加工条件，特别是有效赖氨酸的含量与加工条件密切相关。棉籽饼粕中色氨酸水平与葵花籽饼粕相似，而蛋氨酸含量略低于葵花籽饼粕。棉籽饼粕由于含有毒素——游离棉酚，因此过量饲喂易引起动物中毒。猪和家禽对此毒素尤为敏感。其饲料价值在很大程度上取决于游离棉酚含量。家禽对游离棉酚的敏感性比猪低，一般蛋鸡育成饲料中可用至9%，产蛋鸡可用至6%，蛋鸡饲料中游离棉酚含量在120～200毫克/千克以下，即不会影响产蛋率。如要避免蛋黄储存期间脱色，则应限制在60毫克/千克以下，否则，鸡蛋在储存期间蛋白及蛋黄可能变成粉红色或暗红色。亚铁盐的添加可增加鸡对棉酚的耐受性，铁在小肠中与游离棉酚形成复杂化合物而阻止了小肠对棉酚的吸收，一般所用硫酸亚铁的量为游离棉酚含量的4倍，此时蛋鸡饲料中棉酚含量达150毫克/千克，也不致使蛋黄变色。肉用仔鸡饲料中棉酚耐受量为150毫克/千克，加铁盐后增至400毫克/千克。

饲料用棉籽饼国家标准规定：棉籽饼的感官性状应为小瓦片状

或饼状，色泽呈新鲜一致的黄褐色；无发酵、霉变、虫蛀及异味和异嗅；水分含量不超过12.0%；夹杂物指标要求不得掺入饲料用棉籽饼以外的物质，若加入抗氧化剂、防霉剂时，应作相应说明。其质量指标及分级标准是以粗蛋白质、粗纤维、粗灰分为质量控制指标，按含量分为三级，各项含量指标均以88%干物质为基础计算，三项质量指标必须全部符合相应等级的规定。二级为中等质量指标，低于三级者为等外品（表4-11）。

表4-11　饲料用棉籽饼质量标准

质量标准	等级		
	一级	二级	三级
粗蛋白/%	≥40.0	≥36.0	≥32.0
粗纤维/%	<10.0	<12.0	<14.0
粗灰分/%	<6.0	<7.0	<8.0

（3）菜籽饼粕　菜籽饼粕亦是一种蛋白质饲料，其蛋白质含量一般为35%。菜籽饼粕可分为白菜型菜籽饼粕和芥菜型菜籽饼粕。由于菜籽饼粕中含有硫代葡萄糖苷，水解后在芥子酶的作用下可产生异硫氰酸盐和噁唑烷硫酮等有毒物质。故当大量饲喂或长时间饲喂菜籽饼粕可能会引起动物中毒。

鸡长期大量给饲菜籽饼粕，会产生甲状腺肿大或甲状腺及肾脏的上皮细胞剥脱，出现破蛋、软蛋增加及脱腱、死亡、肝出血等现象。菜籽饼粕一般对雏鸡饲料价值低，应避免使用。品种优良的菜籽粕，肉用仔鸡后期饲料可使用至10%～15%，但为避免肌肉风味变劣，一般用量控制在10%以下为宜。蛋鸡、种鸡可用至8%，使用12%即可见种蛋变小，孵化率降低。蛋种鸡如给饲含硫配糖体高的菜籽粕，所孵出的雏鸡至9周龄即可能发生碘缺乏症。添加赖氨酸于菜籽粕中可抑制生长，但添加精氨酸则可防止生长阻碍并防止鞣酸的不良影响。

饲料用菜籽饼国家标准规定：感官性状为褐色，小瓦片状、片状或饼状，具有菜籽的香味，无发酵、霉变及异味和异嗅；水分含量不得超过12.0%；不得掺入饲料用菜籽饼以外的物质，若加入抗氧化剂、防霉剂等添加剂时，应作相应说明；质量指标及分级标准以粗蛋白质、粗纤维、粗灰分及粗脂肪为质量控制指标，按含量分为三级，其中各项质量标准均以88%干物质为基础计算；四项质量标准必须全部符合相应等级的规定；二级为中等质量标准，低于三级者为等外品（表4-12）。

表4-12　饲料用菜籽饼质量标准

质量标准	等级		
	一级	二级	三级
粗蛋白/%	≥37.0	≥34.0	≥30.0
粗脂肪/%	<10.0	<10.0	<10.0
粗纤维/%	<14.0	<14.0	<14.0
粗灰分/%	<12.0	<12.0	<12.0

（4）花生饼粕　花生饼粕中赖氨酸含量与葵花籽饼粕相似，但较大豆饼粕和棉籽饼粕为少，色氨酸含量亦较葵花籽饼粕、棉籽饼粕和大豆饼粕为少，含硫氨基酸的含量更少。花生饼粕中含有大量胆碱、维生素B_1、泛酸和烟酸，但缺乏钙、钠和氯。花生饼粕中的磷仅为棉籽饼粕的1/2，且大部分以植酸磷形式存在，故不能很好地被畜禽所利用。

花生粕对雏鸡及成年鸡的热能值差别很大，尤其加热不良的产品会引起雏鸡胰脏肥大，这种影响随鸡龄的增加而渐低，故花生粕以使用于成年鸡为宜。育成期可使用至6%，产蛋鸡可使用至9%，其他鸡不可超过4%。

饲料用花生粕的国家标准规定：感官性状为碎屑状，色泽呈新鲜一致的黄褐色或浅褐色，无发酵、霉变、虫蛀、结块及异味和异嗅；水分含量不得超过12.0%；不得掺入饲料用花生粕以外的物质，若加入抗氧化剂、防霉剂等添加剂时，应作相应的说明。质量指标及分级标准是以粗蛋白质、粗纤维、粗灰分为质量控制指标，按含量分为三级，各项指标含量均以88%干物质为基础计算；三项质量指标必须全部符合相应等级规定，二级为中等质量标准，低于三级者为等外品（表4-13）。

表4-13　饲料用花生粕质量标准

质量标准	等级		
	一级	二级	三级
粗蛋白/%	≥40.0	≥36.0	≥32.0
粗纤维/%	<10.0	<12.0	<14.0
粗灰分/%	<6.0	<7.0	<8.0

（5）玉米蛋白粉　玉米蛋白粉是生产玉米淀粉和玉米油的副产品，含粗蛋白质40%～60%。它的类胡萝卜素含量高达150～270毫克/千克，因而具有着色剂的效能，对家禽和鱼类产品具有良好的着色作用。玉米蛋白粉富含蛋氨酸、胱氨酸和亮氨酸，但赖氨酸和色氨酸贫乏。用量以不超过5%为宜。

（6）啤酒糟　啤酒糟是酿制啤酒的副产品，其干物质中粗蛋白质含量一般为22%～27%，而粗纤维含量常低于18%，故亦属蛋白质饲料。啤酒糟可作为动物的蛋白质来源，但因其容重轻和有效能值低，故对生产肉蛋产品的杂食动物（猪、鸡等）应控制饲喂量，一般以不超过10%为宜。

2.动物性蛋白质饲料

（1）鱼粉　鱼粉是由整鱼或渔业加工废弃物制成的。鱼粉中含有丰富的蛋白质，优质鱼粉蛋白质含量高达60%。国产鱼粉由于原料品质较差，故蛋白质含量一般在40%左右。但优质的国产鱼粉含量可达50%，劣质鱼粉蛋白质含量仅在20%左右。鱼粉必需氨基酸含量较完全，因而蛋白质营养价值较高。矿物质中钙、磷含量丰富，是畜禽钙、磷的良好来源。一般认为，鱼粉乃是畜禽最佳蛋白质补充饲料，常用于饲喂猪和家禽。鱼粉通常用量在2%～8%。劣质鱼粉蛋白质含量低，且盐分和矿物质含量过高，适口性不佳，营养价值较低，大量饲用可能导致畜禽患病，因而在使用中应严格控制用量。

鱼粉作家禽饲料的效果奇佳，饲料价值比其他蛋白质饲料均高，除上述成分特点外，尚有减少消化道不良微生物的作用，含有减低蛋鸡脂肪肝和出血症的因子（一般认为含硒所致），鱼粉中含有的砷可促进鸡特别是肉鸡的生长，鱼粉对鸡的产蛋、增重及孵化均有裨益。但超量使用，会引起鸡蛋、鸡肉的异味，因此美国所饲养的火鸡，屠宰前8周禁饲鱼粉，配方中也应避免鱼粉所提供的鱼油超过饲料的1%。

我国鱼粉专业标准适用于以鱼、虾、蟹类等水产动物或在鱼品加工过程中所得的鱼头、尾、内脏等原料，进行干燥、脱脂、粉碎或先经蒸煮、压榨、干燥粉碎而制成的作为饲料用的鱼粉。质量指标及分级标准见表4-14。

表4-14　我国鱼粉质量标准

项目指标	等级		
	一等品	二等品	三等品
颜色	黄棕色	黄褐色	黄褐色
气味、颗粒细度	具有鱼粉正常气味，无异嗅及焦灼味，至少98%能通过筛孔宽度为2.8毫米的标准筛		
粗蛋白质/%	>55	>50	>45
脂肪/%	<10	<12	<14
水分/%	<12	<12	<12
盐分/%	<4	<4	<5
沙分/%	<4	<4	<5

（2）肉骨粉　肉骨粉是卫生检验不合格的肉畜屠体和内脏等经高温、高压处理后脱脂干燥制成。肉骨粉的营养价值取决于所用的原料。原料中肉骨比例不同，其制成品中蛋白质含量有着明显差别。如原料中骨骼较多，则制成品中蛋白质含量较少。一般肉骨粉中蛋白质含量为30% ～ 50%。肉骨粉中赖氨酸含量丰富，而蛋氨酸较鱼粉少。肉骨粉蛋白质的营养价值较鱼粉低。此外，肉骨粉中还

含有丰富的钙、磷和B族维生素。

可作为家禽饲料蛋白质及钙、磷的来源之一，但饲料价值逊于鱼粉及大豆粕。且品质稳定性差，用量6%以下为宜，并补充所缺乏的氨基酸及注意磷、钙平衡，含碎肉多的产品对雏鸡生长有利，磷几乎可全部利用。

（3）血粉　血粉是屠宰场宰杀畜禽的鲜血经加热凝固烘干或浓缩喷雾干燥制成的粉状物。血粉中蛋白质含量很高（80%以上），但其蛋白质可消化性比其他动物性饲料差。血粉中氨基酸的含量不平衡，赖氨酸含量虽较丰富，而异亮氨酸和蛋氨酸的含量却较少，因此蛋白质营养价值相对较低。血粉中钙、磷含量很少，铁含量却很高，是所有饲料中含铁量最丰富的，其含铁量可高达1000毫克/千克。可补充家禽蛋白质需要，但因黏性太强，多用会黏着鸡喙，妨碍鸡进食，加之适口性差，氨基酸不平衡，用量不宜太高，用量在2%以下为宜。

（4）水解羽毛粉　它是禽类羽毛经高压蒸汽处理后制成的一种饲用产品。水解羽毛粉蛋白质含量极高，通常在80%以上。如果制作方法适宜，蛋白质消化率可在75%以上。据研究，羽毛粉中还含有一种雏鸡生长所必需的未知营养因子。

水解羽毛粉含有较多的胱氨酸、精氨酸、甘氨酸和苯丙氨酸，而赖氨酸、蛋氨酸、精氨酸和组氨酸含量较少，故蛋白质营养价值较低。水解羽毛粉不可作为动物所需蛋白质的唯一来源，仅可作为家禽和猪的蛋白质补充来源。水解羽毛粉与其他动物性和植物性蛋白质补充饲料配合使用，才能获得良好的饲喂效果。对鸡可补充含硫氨基酸的需要，在蛋鸡和肉用仔鸡饲料中可取代部分鱼粉及大豆粕，用量以3%左右为宜，用量如果超过5%肉鸡生长不佳，蛋鸡产蛋率下降且蛋重变小。使用中应注意氨基酸平衡。

（5）酵母粉　酵母培养物是以碳源（如糖蜜）和氮源（如硫酸铵）作为营养源，以酵母菌发酵生产的单细胞蛋白饲料，通过镜检判断活菌数量，或者测定真蛋白含量可以评定酵母培养物品质好坏。酵母培养物蛋白质含量高，脂肪含量低。在氨基酸组成中赖氨酸含量较高而蛋氨酸含量较低，本品是良好的维生素源，维生素A虽不多，但B族维生素相当丰富，烟酸、胆碱、维生素B_2、泛酸及叶酸含量均高，啤酒酵母和假丝酵母维生素B_1含量高，酵母维生素B_{12}含量并不高，紫外线照射的干酵母维生素D_2含量高。矿物质中钙少，磷、钾多。此外尚含有未知生长因子。

干酵母可取代部分蛋白质源使用于养鸡饲料中，但作为唯一蛋白源则效果不佳。因缺乏蛋氨酸，应予补充或与鱼粉并用，雏鸡饲料中添加2%～3%，当未知生长因子来源使用。蛋鸡、肉鸡饲料均可添加2%～5%。

三、矿物质饲料

1. 食盐

精制食盐含氯化钠99%以上，粗盐含氯化钠95%，碘盐含碘0.007%。纯净的食盐含钠39%、含氯60%，此外，尚有少量的钙、镁、硫。食用盐为白色细粒，工业用盐为粗粒结晶。相对湿度75%以上时食盐开始潮解。本品主要作用是刺激唾液分泌，促进消化，提供钠离子、氯离子以维持体液的渗透压等，缺乏则危害严重，过量也会产生毒副作用。一般饲料中缺钠可能性比氯高。在鸡饲料里，至少需要食盐0.15%以上，鹌鹑料含盐量至少需要0.06%以上，一般鸡饲料配合量为0.25%～0.3%，过多易导致腹泻及蛋壳质量下降。火鸡更为敏感，饲料中含0.4%即见不良影响。

2. 富钙饲料

常用的富钙饲料有石灰石粉（碳酸钙）、贝壳粉、白云石粉、蛋壳粉及石膏，尚有富含钙、磷的骨粉和磷酸钙等，各种动物在不同生长阶段不仅对钙的需求量不同，而且对各种钙源的利用率也不同。一般饲料中的钙利用率随动物生长而变低，但泌乳、妊娠和产蛋期利用率则提高。产蛋鸡对各种钙源均能很好地利用。雏鸡以磷酸二钙、碳酸钙、骨粉利用率最高。石膏及脱氟磷酸钙次之，白云石（钙镁碳酸盐）最差。

（1）石灰石（$CaCO_3$） 石灰石粉又称石粉、钙粉，是天然的碳酸钙，是补充钙最经济的矿物质原料。将石灰石煅烧成氧化钙，加水调制成石灰乳，再经二氧化碳作用生成碳酸钙，称为沉淀碳酸钙。也有将石灰石直接加工成一定粒度使用。

本品为淡灰色、灰白色或白色的无臭的粗粉或细粉粒，无吸潮性。

① 细粉状100%可通过35目筛，细粒状87%可通过20目筛、60%可通过100目筛，比重为1.05～1.13。

② 镁含量应在2%以下。某些石灰石砷含量高，应避免使用。

③ 一般认为颗粒越细，吸收率越高。但试验表明，颗粒直径33～50微米的碳酸钙可提高蛋壳硬度。

我国国家标准适用于沉淀法制得的饲料级轻质碳酸钙，见表4-15。

表4-15 饲料级轻质碳酸钙质量标准

指标名称	指标	指标名称	指标
碳酸钙含量（以干基计）/%	≥98.0	钡盐（以Ba计）含量/%	≤0.005
碳酸钙含量（以钙计）/%	≥39.2	重金属（以Pb计）含量/%	≤0.003
盐酸不溶物含量/%	≤0.2	砷（As）含量/%	≤0.0002
水分含量/%	≤1.0		

（2）贝壳粉 本品为各种贝类外壳（牡蛎壳、蚌壳、蛤蜊壳等）经加工粉碎而成的粉状或颗粒状产品。一般产品含钙量不可低于33%，名称与实质应一致，主要成分为碳酸钙。

品质好的贝壳粉杂质少，钙含量高，呈白色粉状或片状，用于蛋鸡及种鸡饲料中，会使蛋壳质量好，强度高，破软蛋少。有人认为所产鸡蛋的蛋壳质量优于饲用碳酸钙（石粉）者，但也有报道指出两者对蛋壳质量无显著性差异。大部分地区贝壳粉价格略高，粗制产品质量难以控制，可能掺杂异物，常见的异物为沙石、泥土等杂质。另外贝肉未除尽，储存失宜，致含水率过高，堆积日久引起微生物滋生等，均会使饲料价值降低。

（3）蛋壳粉　禽蛋加工厂的残渣，包括有蛋壳、蛋膜及孵化厂废弃的蛋壳，经干燥灭菌、粉碎即得蛋壳粉。本品含钙可达34%，与碳酸钙接近，另含有7%的蛋白质及0.09%的磷，为理想的钙源，利用率甚佳。用于蛋鸡、种鸡饲料中，与贝壳粉同样具有增加蛋壳硬度的效果，所产蛋蛋壳硬度优于饲用碳酸钙（石粉）的。

（4）硫酸钙　俗称石膏，为硫酸的钙盐（$CaSO_4 \cdot xH_2O$），应保证钙和硫的最低含量。本品有来源于天然粉碎者，也有化学工业产品，如来自于磷酸盐工业副产品则品质较差，所含高量砷、铝、氟未经除去者，不宜用于饲料。本品可提供钙和硫的来源，生物利用率良好。

3. 富磷饲料

富含磷的饲料有磷酸钙类、磷酸钠类、骨粉和磷矿石等。由于磷的来源相当复杂，利用率及售价差别也很大，为了选购经济有效的磷源，至少应注意以下事项：成分与标示量或结构式符合与否；原料处理工艺影响利用率，一般而言粒度细的（0.3毫米以下）比粒度粗的（0.5毫米以上）磷的利用率好，但太细造成扬尘，反而有不良影响；原料中有害物质是否超标，如氟、铝、砷等。

（1）磷酸钙类　包括磷酸一钙（又称磷酸二氢钙）、磷酸二钙（又称磷酸氢钙）、磷酸三钙（又称磷酸钙）和脱氟磷酸钙等。

① 磷酸一钙　本品为纯白色结晶粉末，多为一水盐[$Ca(H_2PO_4)_2 \cdot H_2O$]，市售品是经湿法或干法磷酸液作用于磷酸二钙或磷酸三钙所制造的，因此常含有少量的碳酸钙及游离磷酸，吸湿性强而呈酸性。含氟量不超过含磷量的百分之一。本品易溶于水，利用率比磷酸二钙或磷酸二钙好，尤其在水产动物饲料中更为显著。

② 磷酸二钙　又叫磷酸氢钙或沉淀磷酸钙，为白色或灰白色的粉末或粒状产品，分无水盐（$CaHPO_4$）或二水盐（$CaHPO_4 \cdot 2H_2O$）两种形态，后者的钙、磷利用率较佳。市售品主含无水磷酸二钙，另有少量磷酸一钙和未反应的磷酸钙。含磷18%

以上，含氟量不超过含磷量的百分之一。本品性质稳定，略溶于水，利用率良好。

③ 磷酸三钙　为白色无臭粉末，饲用者常由磷酸废液制取，呈灰色或褐色，有臭味。其形态有一水磷酸盐[$Ca_3(PO_4)_2 \cdot H_2O$]和无水磷酸盐[$Ca_3(PO_4)_2$]两种，但以后者较多。经脱氟处理后成脱氟磷酸钙，呈灰白色或茶褐色粉末。磷酸三钙因制法不同，有三种产品。磷酸钠法产品为[$CaNaPO_4 \cdot Ca_3(PO_4)_2$]，含钙29%以上，磷15%以上或18%以上，氟0.12%以下；磷酸法的产品为α-$Ca_3(PO_4)_2$，含钙29%以上，磷15%以上或18%以上，氟0.12%以下；硅酸法的产品为β-$Ca_3(PO_4)_2$，含钙29%以上、磷15%以上或18%以上、氟0.12%以下。其中磷酸钠法生产的脱氟磷酸钙是磷酸钙、钠盐的混合物，是磷矿石煅烧、熔解及沉淀或磷酸与适宜的钙化合物反应而得，其溶解度高，磷的利用率佳。

（2）骨粉　骨粉是以家畜骨骼为原料经蒸汽高压灭菌后再粉碎而成的产品，是畜禽钙、磷的良好补充原料，所含磷利用率较高，其化学式为[$3Ca_3(PO_4)_2 \cdot Ca(OH)_2$]。本品一般为黄褐色乃至灰白色粉末，有肉骨蒸煮过的味道，骨粉的含氟量低，只要杀菌消毒彻底，便可安全使用，但因成分变化大，来源不稳定而且常有异臭影响其利用。按加工方法可分为蒸制骨粉、脱胶骨粉和焙烧骨粉（骨灰）。

蒸制骨粉是原料骨在高压（2个大气压）蒸汽条件下加热，除去脂肪和肉屑，使骨骼变脆后干燥粉碎而成，含磷10%左右。

脱胶骨粉也称特级蒸制骨粉，制法与蒸制骨粉基本相同，用4个大气压蒸制处理，或利用提出骨胶的骨骼蒸制处理而得。这种骨粉可将骨髓和脂肪除去，呈灰白色、无异臭的粉末状，产品含磷量可达12%。

焙烧骨粉是将骨骼堆放在金属容器内煅烧制成。这是全部利用废弃骨骼的可靠方法，烧透即可灭菌，又易粉碎。

未经加压蒸汽或锅炉煮沸直接粉碎制成的骨粉为生骨粉。该产品品质不稳定，劣质产品有异臭且呈灰泥色，往往含有大量致病菌，不宜饲用。

（3）磷酸钠类

① 磷酸一钠　本品为磷酸的钠盐，分子式为$NaH_2PO_4 \cdot xH_2O$，应保证最低钠、磷含量，氟含量不可超过磷含量的百分之一。本品为无水物或两水物两种。均为白色结晶性粉末，99%可通过12目筛，35%可通过100目筛，pH值为4.5（1%水溶液），有潮解性，宜存于干燥处。钙要求低的饲料可利用本品当磷源，在产品设计调整高钙、低磷配方时使用。

② 磷酸二钠　分子式为$Na_2HPO_4 \cdot xH_2O$，应保证最低钙、磷含量，氟含量不可超过磷含量的百分之一，为白色无味细粒状。一般含磷18%～22%，含钠27%～32.5%，应用同磷酸钠。

③ 三聚磷酸钠　分子式为$Na_5P_3O_{10}$，为白色细粒状，一般含磷25%以上，含钠31.0%，氟含量不可超过磷含量的百分之一。

4.其他矿物质饲料

硫的来源有蛋氨酸、胱氨酸、硫酸钠、硫酸钾、硫酸钙、硫酸镁等。对幼雏而言，硫酸钠、硫酸钾、硫酸镁均可充分利用，硫酸钙利用率较差。饲料含镁、钾甚丰。

（1）硫酸钠　为白色、稍咸、具有中等潮解性的结晶或结晶性粉末。若带黄色或绿蓝色，表示杂质含量高，应测定铬的含量。硫酸钠生物利用率良好，添加于饲料中可补充钠、硫之不足，而不增加氯的含量。一般含钠32%以上，硫22%以上。

（2）硫酸铵　含氮不低于21%，含硫不低于24%，含砷不高于75毫克/千克，重金属含量不高于30毫克/千克。本品为白色至灰褐色，粉状至细粒状，略咸，水溶液为酸性。有腐蚀性，勿与皮肤接触，只能用于反刍动物。

（3）硫酸钾　含钾43%，含硫17.5%，无色至粉红色，无臭，无吸湿性，可作为饲料中钾和硫的来源。

四、饲料添加剂

饲料添加剂是指在饲料加工、制作、使用过程中添加的少量或者微量物质，包括营养性饲料添加剂和一般性饲料添加剂。饲料添加剂是现代饲料工业必然使用的原料，对强化基础饲料营养价值，提高动物生产性能，保证动物健康，节省饲料成本，改善畜禽产品品质等方面有明显的效果。

饲料添加剂可分为营养性饲料添加剂、非营养性饲料添加剂、中药添加剂。

营养性饲料添加剂 { 微量元素添加剂（硫酸铜、亚硒酸钠等）
维生素添加剂（维生素AD_3粉、维生素B_2粉等）
氨基酸添加剂（蛋氨酸、赖氨酸等）

非营养性饲料添加剂 {

保健助长剂 { 抗菌驱虫剂（抗生素目前禁用）
消化促进剂（酶制剂、益生菌、大蒜制品等）
代谢调节剂（镇静剂、激素等）

产品工艺剂 {
储藏剂（防霉防腐剂：丙酸、山梨酸钾；抗氧化剂：乙氧喹、BHT、BHA等）
风味剂（调味剂：糖精、柠檬酸；增香剂：麦芽酚、美味香；着色剂：叶黄素、露康定；诱引剂等）
工艺用剂（乳化剂：大豆磷脂；黏结剂：海藻酸钠、α-淀粉；抗结块剂：硅铝酸钙、石英粉等）

五、水

1. 水的作用

通常，各种动物体内含水量占体重的60%～75%。水在动物机体代谢中具有极其重要的作用。机体内的水分大部分与蛋白质结合成胶体，使组织细胞呈现一定形态、硬度和弹性。水不仅是营养物质吸收、转运和代谢废物排泄所必需的溶剂，而且是代谢过程中化学反应的介质，水直接参与许多化学反应，包括水解反应和氧化还原反应等。水具有热容量大和蒸发热高的性质，因而对保持机体体温恒定有着重要的意义。此外，水还可以用作润滑液，使骨骼关节面保持润滑和活动自如。

2. 缺水对动物的危害

缺水可对动物健康和生产性能造成严重危害。当动物体失去占体重1%～2%的水分时，即开始感觉干渴。动物缺水初期食欲明显减退，尤其不愿进食干饲料。此后，随着失水增多，干渴感觉日益严重，可致食欲完全废绝，消化功能迟缓乃至完全丧失，机体免疫力和抗病力亦明显减弱。倘若长期持续缺水，可导致体水大幅下降。体水丧失若达8%～10%，即可引起代谢功能紊乱，超过20%便可死亡。

缺水可使动物生产性能遭到严重影响。幼禽表现为生长发育迟缓，育肥家禽增重降低；母鸡产蛋量迅速下降，且蛋重减轻、蛋壳变薄。

动物缺水时，所消耗的水的直接来源是细胞外液，因而如失水速度很快，细胞外液的容积将会急速减小；倘若失水速度缓慢，则细胞内液的水将会逐渐向细胞外液转移，从而使细胞内液水分减少。

3. 水的摄入

动物摄入的水有三个来源，即饲料含水、饮水及代谢水。

动物随饲料摄入的水分，因采食的饲料种类不同而有差异。有的饲料含水率很高，如青牧草、块根块茎等含水率达70%～90%；而有的饲料含水率则很低，如干草、秸秆、谷实和饼粕等含水率为8%～15%。因此通过饲料摄入的水分越多，则所需饮水越少；反之，则越多。

代谢水亦是动物所需水的来源之一。所谓代谢水是指营养物质在体内氧化所产生的水。例如葡萄糖在体内氧化供能反应产生二氧化碳和水。通常机体需水量的5%～10%可由代谢水提供。

4. 水的排出

动物机体所摄入的水和体内生成的代谢水经参与代谢后，通过粪和尿的排泄、肺脏和皮肤的蒸发以及泌乳等途径排出体外。

5. 影响需水量的因素

（1）生产性能　生产性能是决定畜禽需水量的重要因素。因此高产母牛、高产蛋鸡、强度生长的幼畜及重役役畜等均需要较多的水。

（2）日粮成分　日粮成分，尤其是粗纤维、蛋白质和矿物质的含量，均是影响需水量的重要因素。例如粗纤维的酵解及未消化残渣的排泄、蛋白质的降解及代谢产物的排出，矿物质的溶解、吸收及排泄，均需要一定量的水分，故当畜禽采食高纤维或高蛋白及矿物盐浓度大的日粮时，将增加水的需要量。

（3）气温　气温亦是影响畜禽需水量的重要因素，气温愈高则畜禽需水量愈多。通常，气温若高于30℃，畜禽需水量明显增加，而当气温低于10℃时则需水量明显减少。

第二节
蛋鸡的营养标准与饲料配制

一、蛋鸡的饲养标准

不同国家和育种公司制定有各自的蛋鸡饲养标准，这些标准大同小异。1988年我国首次颁布了中国家禽饲养标准（试用），此后经过大量的实验研究和应用探索，不断完善，于2004年再次颁布了中国家禽饲养标准。这里介绍的是2004版标准（NY/T33—2004）中有关蛋鸡的饲养标准。

1. 生长蛋鸡的营养需要

生长蛋鸡的营养需要见表4-16。

表4-16　生长蛋鸡的营养需要

营养指标	0～8周龄	9～18周龄	19周龄至开产
代谢能/（兆焦/千克）	11.91	11.70	11.50
粗蛋白质/%	19.0	15.5	17.0
蛋白能量比/（克/兆焦）	15.95	13.25	14.78

营养指标	0～8周龄	9～18周龄	19周龄至开产
赖氨酸能量比/（克/兆焦）	0.84	0.58	0.61
赖氨酸/%	1.0	0.68	0.70
蛋氨酸/%	0.37	0.27	0.34
蛋氨酸＋胱氨酸/%	0.74	0.55	0.64
苏氨酸/%	0.66	0.55	0.62
色氨酸/%	0.20	0.18	0.19
精氨酸/%	1.18	0.98	1.02
亮氨酸/%	1.27	1.01	1.07
异亮氨酸/%	0.71	0.59	0.60
苯丙氨酸/%	0.64	0.53	0.54
苯丙氨酸+酪氨酸/%	1.18	0.98	1.00
组氨酸/%	0.31	0.26	0.27
脯氨酸/%	0.50	0.34	0.44
缬氨酸/%	0.73	0.60	0.62
甘氨酸＋丝氨酸/%	0.82	0.68	0.71
钙/%	0.9	0.8	2.0
总磷/%	0.73	0.60	0.55
非植酸磷/%	0.4	0.35	0.32
钠/%	0.15	0.15	0.15
氯/%	0.15	0.15	0.15
铁/（毫克/千克）	80	60	60
铜/（毫克/千克）	8	6	8
锌/（毫克/千克）	60	40	80
锰/（毫克/千克）	60	40	60
碘/（毫克/千克）	0.35	0.35	0.35
硒/（毫克/千克）	0.3	0.3	0.3
亚油酸/%	1	1	1

第四章 鸡的营养标准及饲料配制

营养指标	0~8周龄	9~18周龄	19周龄至开产
维生素A/（国际单位/千克）	4000	4000	4000
维生素D/（国际单位/千克）	800	800	800
维生素E/（国际单位/千克）	10	8	8
维生素K/（毫克/千克）	0.5	0.5	0.5
硫胺素/（毫克/千克）	1.8	1.3	1.3
维生素B_2/（毫克/千克）	3.6	1.8	2.2
泛酸/（毫克/千克）	10	10	10
烟酸/（毫克/千克）	30	11	11
吡哆醇/（毫克/千克）	3	3	3
生物素/（毫克/千克）	0.15	0.10	0.10
叶酸/（毫克/千克）	0.55	0.25	0.25
维生素B_{12}/（毫克/千克）	0.01	0.003	0.004
胆碱/（毫克/千克）	1300	900	500

注：本标准以中型蛋鸡计算，轻型蛋鸡可酌减10%；开产指产蛋率达到5%的日龄（下同）。

2. 产蛋鸡的营养需要

产蛋鸡的营养需要见表4-17。

表4-17　产蛋鸡的营养需要

营养指标	开产至产蛋高峰（产蛋率>85%）	产蛋高峰后（产蛋率<85%）	种鸡
代谢能/（兆焦/千克）	11.29	10.87	11.29
粗蛋白质/%	16.5	15.5	18.0
蛋白能量比/（克/兆焦）	14.61	14.26	15.94
赖氨酸能量比/（克/兆焦）	0.44	0.61	0.63
赖氨酸/%	0.75	0.70	0.75
蛋氨酸/%	0.34	0.32	0.34
蛋氨酸+胱氨酸/%	0.65	0.56	0.65

营养指标	开产至产蛋高峰 （产蛋率＞85%）	产蛋高峰后 （产蛋率＜85%）	种鸡
苏氨酸/%	0.55	0.50	0.55
色氨酸/%	0.16	0.15	0.16
精氨酸/%	0.76	0.69	0.76
亮氨酸/%	1.02	0.98	1.02
异亮氨酸/%	0.72	0.66	0.72
苯丙氨酸/%	0.58	0.52	0.58
苯丙氨酸+酪氨酸/%	1.08	1.06	1.08
组氨酸/%	0.25	0.23	0.25
缬氨酸/%	0.59	0.54	0.59
甘氨酸+丝氨酸/%	0.57	0.48	0.57
可利用赖氨酸/%	0.66	0.60	—
可利用蛋氨酸/%	0.32	0.30	—
钙/%	3.5	3.5	3.5
总磷/%	0.60	0.60	0.60
非植酸磷/%	0.32	0.32	0.32
钠/%	0.15	0.15	0.15
氯/%	0.15	0.15	0.15
铁/（毫克/千克）	60	60	60
铜/（毫克/千克）	8	8	6
锌/（毫克/千克）	80	80	60
锰/（毫克/千克）	60	60	60
碘/（毫克/千克）	0.35	0.35	0.35
硒/（毫克/千克）	0.3	0.3	0.30
亚油酸/%	1	1	1

第四章　鸡的营养标准及饲料配制

营养指标	开产至产蛋高峰 （产蛋率＞85%）	产蛋高峰后 （产蛋率＜85%）	种鸡
维生素A/（国际单位/千克）	8000	8000	10000
维生素D/（国际单位/千克）	1600	1600	2000
维生素E/（国际单位/千克）	5	5	10
维生素K/（毫克/千克）	0.5	0.5	1.0
硫胺素/（毫克/千克）	0.8	0.8	0.8
维生素B_2/（毫克/千克）	2.5	2.5	3.8
泛酸/（毫克/千克）	2.2	2.2	10
烟酸/（毫克/千克）	20	20	30
吡哆醇/（毫克/千克）	3.0	3.0	4.5
生物素/（毫克/千克）	0.10	0.10	0.15
叶酸/（毫克/千克）	0.25	0.25	0.35
维生素B_{12}/（毫克/千克）	0.004	0.004	0.004
胆碱/（毫克/千克）	500	500	500

3. 海兰褐蛋鸡的饲养标准

见表4-18和表4-19。

表4-18　海兰褐蛋鸡生长期营养需要建议量

营养指标	0~6周龄	6~8周龄	8~15周龄	开产前至5%产蛋
蛋白质/%	19	16	15	14.5
代谢能/（兆焦/千克）	11.5~12.4	11.5~12.6	11.5~12.9	11.5~12.4
赖氨酸/%	1.10	0.90	0.70	0.72
蛋氨酸/%	0.45	0.40	0.35	0.35
蛋氨酸＋胱氨酸/%	0.80	0.70	0.60	0.60
色氨酸/%	0.20	0.18	0.15	0.15
钙/%	1.00	1.00	1.00	2.25

营养指标	0~6周龄	6~8周龄	8~15周龄	开产前至5%产蛋
总磷/%	0.70	0.68	0.60	0.60
有效磷/%	0.45	0.44	0.40	0.40
氯化钠/%	0.34	0.34	0.34	0.34

表4-19　海兰褐蛋鸡产蛋期日最低营养需要量

营养成分	32周龄前	32~45周龄	45~55周龄	55周龄以上
蛋白质/[克/（日·只）]	18	17.5	17	16
蛋氨酸/[毫克/（日·只）]	480	480	450	430
蛋氨酸＋胱氨酸/[毫克/（日·只）]	800	790	750	700
赖氨酸/[毫克/（日·只）]	930	910	880	860
色氨酸/[毫克/（日·只）]	190	185	180	170
钙/[克/（日·只）]	3.65	3.75	4.00	4.20
总磷/[克/（日·只）]	0.64	0.64	0.61	0.58
有效磷/[克/（日·只）]	0.4	0.38	0.36	0.32
氯化钠/[克/（日·只）]	0.35	0.35	0.35	0.35

二、蛋鸡饲料配制方法与饲料配方

1. 蛋鸡饲料配制

蛋鸡饲料配方是根据不同生长阶段、不同产蛋期的营养需要、饲料的营养价值、原料的现状及价格等条件合理地确定各种原料的配合比例。设计合理的饲料配方应注意以下几点。

（1）设计饲料配制的原则　第一，要适应市场需求，有市场竞争力；第二，要有先进的科学性，在配方中运用动物营养领域的新知识、新成果；第三，要有经济概念，在保证畜禽营养的前提下，饲料配方成本最低；第四，要有可操作性，在满足市场需求的前提下，根据企业自身条件，充分运用多种原料种类，保证饲料质量稳定；第五，要求配方具备合法性，饲料中决不使用国家明令禁用的饲料添加剂。

（2）计算方法　传统的饲料配方计算是采用简单的试差法、十字法、对角线法等方法。现在随着计算机技术的广泛应用，饲料厂均使用计算机设计饲料配方，不仅大大提高了计算效率和计算的准确性，同时考虑到营养与成本的关系，资源利用率得到提高，饲料成本反而下降。

（3）注重环保问题　按照可消化氨基酸含量和理想蛋白质模式，给鸡配制平衡日粮，使其中各种氨基酸含量与动物的维持和生产需要完全符合，则饲料转化率最大，营养素排出可减至最少，从而减轻环境污染。实践证明，按可消化氨基酸和理想蛋白质模式计算并配制的产蛋鸡饲料，可降低日粮蛋白质水平2.5%，而生产性能不减，鸡粪中氮含量减少20%。

选用其他促生长类添加剂替代抗生素。酶制剂能加速营养物质在动物消化道中的降解，并能将不易被动物吸收的大分子物质降解为易被吸收的小分子物质，从而促进营养物质的消化和吸收，提高饲料利用率。植酸酶可以利用饲料原料中的植酸磷，从而减少动物粪便对环境的磷污染。

益生菌是一种有益活菌制剂，它通过改善动物消化道菌群平衡而对动物产生有益作用，它能抑制和排斥大肠杆菌、沙门菌等病原微生物的生长和繁殖，促进乳酸菌等有益微生物的生长和繁殖。从而在动物的消化道确立以有益微生物为主的微生物菌群，降低动物患病的机会，促进动物生长。

中药添加剂是我国特有的中医中药理论长期实践的产物，具有顺气消食、镇静定神、驱虫除积、清热解毒等功能，从而可以促进动物新陈代谢、增强动物的抗病能力，提高饲料转化率。

（4）按季节进行饲料配方的调整　夏季气温高，致使产蛋鸡采食量下降，为确保产蛋率，则应适当提高饲料营养成分浓度，增加幅度要依采食量减少而定，一般增加5%～10%。如产蛋高峰期蛋白质和代谢能水平，应分别从16.5%和11.5兆焦/千克调整为17.6%和12.3兆焦/千克，其他营养成分调整比例大致同此。

炎热的夏天在蛋鸡饲料中最好加入少量熟豆油，不仅可提高代谢能值，还可促进鸡采食，减少鸡体增热，促进营养物质的吸收。也可用质量可靠的贝壳粉替代石粉，还可石粉、贝壳粉混合使用，使用贝壳粉与石粉的比例为1:（3～4），不含蛋白质和能量的原料（如沸石粉、麦饭石粉）要少用，添加量不宜超过3%。

产蛋鸡的暑热或热应激除杆菌肽锌允许在常规饲料中使用外，其他抗生素类药物应限制使用。研究表明，大蒜素（精油）对多种葡萄球菌、痢疾杆菌、大肠杆菌、伤寒杆菌、真菌、病毒、阿米巴原虫、球虫和蛲虫均有抑制或杀灭作用，特别对于菌痢和肠炎有较好疗效，并能促进采食，助消化，促进产蛋。另外，大蒜素与维生素B_1结合，可防止后者遭破坏，增加有效维生素B_1的吸收。天然大蒜可直接（连皮）在产蛋鸡饲料中按1%～2%比例添加。生石膏研成细末，按饲料0.3%～1.0%比例混饲，有解热清胃火之功效。

（5）按体重进行饲料配方的调整　对于生长鸡而言，如果发觉多数鸡因气温、密度等原因，造成体重未达到相应阶段的标准体重，同样要适当提高饲料营养成分浓度，尤其是能量水平，增加幅度要依体重偏差程度而定，一般在饲料中添加1%～2%的熟豆油，用一周左右将体重调整到正常值。

（6）使用浓缩饲料的注意事项　鸡场一般使用20%～40%的浓缩饲料。比例太低，需要配合的饲料种类增加，饲料质量不容易控制；比例太高，就会失去使用浓缩饲料的意义。通常雏鸡设计30%～50%的浓缩饲料，育成鸡30%～40%，产蛋鸡35%～40%。使用浓缩饲料时，应按照饲料厂推荐配方使用，这样容易进行质量控制。

2. 饲料配方举例

以下配方仅供自配饲料者参考，见表4-20～表4-23。

表4-20 生长蛋鸡饲料参考配方

配方编号	1	2	3
适应阶段	0~6日龄	7~14日龄	15~20日龄
配方组成/% 玉米	58.00	59.00	56.90
高粱	3.00	4.00	4.00
麸皮	9.00	13.00	10.00
豆饼	18.00	13.00	18.00
花生饼	3.00	3.00	3.00
芝麻饼	3.00	3.00	3.00
鱼粉	3.00	2.00	2.00
骨粉	1.10	1.20	1.30
贝壳粉	0.40	0.40	0.40
石粉	0.10	0.10	0.10
食盐	0.25	0.25	0.30
DL-蛋氨酸	0.05	0.05	
L-赖氨酸	0.10		
复合添加剂	1.00	1.00	1.00

配方编号	1	2	3
适应阶段	0~6日龄	7~14日龄	15~20日龄
配方组成/% 玉米	58.33	59.45	61.64
麸皮	25.70	18.80	5.70
豆饼	12.70	18.70	29.90
骨粉	1.80	1.50	1.10
石粉	0.04	0.13	0.26
食盐	0.35	0.35	0.35
DL-蛋氨酸	0.08	0.07	0.05
复合添加剂	1.00	1.00	1.00
营养水平 代谢能（兆焦/千克）	11.92	11.72	11.30
粗蛋白/%	18.00	16.00	12.00
赖氨酸/%	0.85	0.71	0.45
蛋氨酸/%	0.30	0.27	0.20
钙/%	0.80	0.70	0.60
有效磷/%	0.40	0.35	0.30

表4-21 产蛋鸡饲料参考配方

配方编号	1	2
适应阶段	>80%产蛋率	<80%产蛋率
配方组成/% 玉米	60.09	61.66
麸皮	1.80	2.40
豆饼	22.32	20.82
鱼粉	3.00	2.00
骨粉	3.40	3.80
石粉	7.90	7.90
食盐	0.30	0.30
DL-蛋氨酸	0.19	0.12
复合添加剂	1.00	1.00

配方编号	1	2	3
适应阶段	21~24日龄	25~42日龄	43~72日龄
配方组成/% 玉米	69.96	66.02	74.00
苜蓿粉	2.00	1.00	2.00
豆饼	7.86	12.67	6.00
棉籽饼	3.00	3.00	3.00
菜籽饼	3.00	3.00	3.00
鱼粉	5.87	5.00	2.00
磷酸氢钙	0.81	0.96	1.91
石粉	6.14	6.95	6.75
食盐	0.30	0.30	0.25
DL-蛋氨酸	0.06	0.10	0.09
复合添加剂	1.00	1.00	1.00

表4-22 蛋鸡无鱼粉饲料参考配方

配方组成	雏鸡		育成前期		育成后期		产蛋前中期		产蛋后期	
	配方1	配方2	配方3	配方4	配方5	配方6	配方7	配方8	配方9	配方10
玉米/%	65	68	66	67	65.94	70	63	64	66	67
麸皮/%	2.7		5.54	3	8.5	5.44	1		2	
豆饼/%	21	20	18.6	20.14	16	15	18	17.1	15	15
菜籽饼/%	3	3	2	3	3	3	2	3	3	2
棉籽饼/%	3	3	2	3	3	3	2	3	3	2
花生饼/%			2				2			2
熟豆油/%	1	1.5					1.8	2.0		1
石粉/%	1.54	1.8	1.5	1.5	1.2	1.2	7.6	8	8.4	8.4
磷酸氢钙/%	1	1	1	1	1	1	1	1	1	1
蛋氨酸/%	0.06	0.06	0.06	0.06	0.06	0.06	0.3	0.26	0.3	0.3
赖氨酸/%	0.4	0.34						0.34	0.3	
食盐/%	0.3	0.3	0.3	0.3	0.3	0.3	0.3	0.3	0.3	0.3
复合添加剂/%	1	1	1	1	1	1	1	1	1	1
合计/%	100	100	100	100	100	100	100	100	100	100

注：所有参考配方中的复合添加剂的添加量要根据说明使用。

表4-23 蛋种鸡（父母代）饲料参考配方

配方组成	0～6周龄	6～14周龄	14～16周龄	16～18周龄	种公鸡	伊沙褐种母鸡	海兰W-36种母鸡
玉米/%	63.0	70.5	69.5	67.9	64.0	61.0	61.0
豆饼/%	25.7	19.1	13.0	21.0	15.5	22.0	22.0
鱼粉/%	2.0	1.0	1.0	2.0	1.0	2.0	3.0
菜籽饼/%	3.4	2.0	3.4	1.0	3.0	2.0	1.6
芝麻饼/%	1.5	2.0	3.2	1.0	3.0	—	1.5
胡麻饼/%	1.5	2.0	2.0	1.0	3.0	2.0	—
贝壳粉/%	0.6	0.6	0.8	3.7	4.6	8.9	8.5
骨粉/%	1.1	2.8	2.6	2.4	2.1	2.1	2.4
磷酸氢钙/%	1.2	—	—	—	—	—	—
麸皮/%	—	—	4.5	—	3.8	—	—
食盐（克/千克）	1.25	1.50	1.50	1.50	1.50	1.50	1.50
蛋氨酸（克/千克）	—	0.70	0.46	0.70	0.40	0.60	0.60
赖氨酸（克/千克）	—	0.06	—	—	—	—	—
复合添加剂/%	1	1	1	1	1	1	1

注：1. 以上配方为笔者连续多年使用过的配方。

2. 配方中复合添加剂的"1"不是重量单位，而是指按复合维生素添加剂、混合微量元素添加剂的说明，添加1份。

第三节
肉鸡的营养标准与饲料配制

一、肉鸡的饲养标准

　　根据鸡的品种、年龄、性别、体重、生产目的与生产水平，结合能量与物质代谢试验和饲养试验，科学地规定给予鸡所需饲料的能量浓度、蛋白质水平以及其他各种营养物质的数量，称为饲养标准。饲养标准中所规定的营养需要包括维持生命活动和从事各种生产（如产蛋、生长等）所需的各种营养物质，是经过实际测定，并结合各国的饲养条件及当地环境因素而制定的。饲养标准也称动物的营养需要量，它是指饲料供给动物种类和数量的科学化、标准化、具体化，是饲养业商品化的标志之一。一般饲养标准所推荐的数量是动物为满足正常的生理、生长发育或生产的最低营养需要量。按照饲养标准的规定对鸡进行饲养，有利于鸡的健康和发挥其生产性能，节省饲料费用，降低生产成本，提高鸡生产的经济效益。表4-24～表4-29是关于肉用仔鸡、肉用种鸡、黄羽肉仔鸡、黄羽肉种鸡的饲养标准（NY/T33—2004）。

表4-24　肉用仔鸡营养需要（一）

营养指标	0～3周龄	4～6周龄	7周龄以上
代谢能/（兆焦/千克）	12.54	12.96	13.17
粗蛋白质/%	21.5	20.0	18.0
蛋白能量比/（克/兆焦）	17.14	15.43	13.67
赖氨酸能量比/（克/兆焦）	0.92	0.77	0.67
赖氨酸/%	1.15	1.00	0.87
蛋氨酸/%	0.50	0.40	0.34
蛋氨酸+胱氨酸/%	0.91	0.76	0.65

104

营养指标	0~3周龄	4~6周龄	7周龄以上
苏氨酸/%	0.81	0.72	0.68
色氨酸/%	0.21	0.18	0.17
精氨酸/%	1.20	1.12	1.01
亮氨酸/%	1.26	1.05	0.94
异亮氨酸/%	0.81	0.75	0.63
苯丙氨酸/%	0.71	0.66	0.58
苯丙氨酸+酪氨酸/%	1.27	1.15	1.00
组氨酸/%	0.35	0.32	0.27
脯氨酸/%	0.58	0.54	0.47
缬氨酸/%	0.85	0.74	0.64
甘氨酸+丝氨酸/%	1.24	1.10	0.96
钙/%	1.0	0.9	0.8
总磷/%	0.68	0.65	0.60
非植酸磷/%	0.45	0.40	0.35
氯/%	0.20	0.15	0.15
钠/%	0.20	0.15	0.15
铁/（毫克/千克）	100	80	80
铜/（毫克/千克）	8	8	8
锌/（毫克/千克）	100	80	80
锰/（毫克/千克）	120	100	80
碘/（毫克/千克）	0.70	0.70	0.70
硒/（毫克/千克）	0.30	0.30	0.30
亚油酸/%	1	1	1
维生素A/（国际单位/千克）	8000	6000	2700
维生素D/（国际单位/千克）	1000	750	400

第四章 鸡的营养标准及饲料配制

营养指标	0~3周龄	4~6周龄	7周龄以上
维生素E/（国际单位/千克）	20	10	10
维生素K/（毫克/千克）	0.5	0.5	0.5
硫胺素/（毫克/千克）	2.0	2.0	2.0
维生素B₂/（毫克/千克）	8	5	5
泛酸/（毫克/千克）	10	10	10
烟酸/（毫克/千克）	35	30	30
吡哆醇/（毫克/千克）	3.5	3.0	3.0
生物素/（毫克/千克）	0.18	0.15	0.10
叶酸/（毫克/千克）	0.55	0.55	0.50
维生素B₁₂/（毫克/千克）	0.010	0.010	0.007
胆碱/（毫克/千克）	1300	1000	750

表4-25　肉用仔鸡营养需要（二）

营养指标	0~2周龄	3~6周龄	7周龄以上
代谢能/（兆焦/千克）	12.75	12.96	13.17
粗蛋白质/%	22.0	20.0	17.0
蛋白能量比/（克/兆焦）	17.25	15.43	12.91
赖氨酸能量比/（克/兆焦）	0.88	0.77	0.62
赖氨酸/%	1.20	1.00	0.82
蛋氨酸/%	0.52	0.40	0.32
蛋氨酸+胱氨酸/%	0.92	0.76	0.63
苏氨酸/%	0.84	0.72	0.64
色氨酸/%	0.21	0.18	0.16
精氨酸/%	1.25	1.12	0.95
亮氨酸/%	1.32	1.05	0.89

高效养鸡全彩图解＋视频示范

营养指标	0～2周龄	3～6周龄	7周龄以上
异亮氨酸/%	0.84	0.75	0.59
苯丙氨酸/%	0.74	0.66	0.55
苯丙氨酸+酪氨酸/%	1.32	1.15	0.98
组氨酸/%	0.36	0.32	0.25
脯氨酸/%	0.60	0.54	0.44
缬氨酸/%	0.90	0.74	0.72
甘氨酸+丝氨酸/%	1.30	1.10	0.93
钙/%	1.05	0.95	0.80
总磷/%	0.68	0.65	0.60
非植酸磷/%	0.50	0.40	0.35
氯/%	0.20	0.15	0.15
钠/%	0.20	0.15	0.15
铁/（毫克/千克）	120	80	80
铜/（毫克/千克）	10	8	8
锌/（毫克/千克）	120	80	80
锰/（毫克/千克）	120	100	80
碘/（毫克/千克）	0.70	0.70	0.70
硒/（毫克/千克）	0.30	0.30	0.30
亚油酸/%	1	1	1
维生素A/（国际单位/千克）	10000	6000	2700
维生素D/（国际单位/千克）	2000	1000	400
维生素E/（国际单位/千克）	30	10	10
维生素K/（毫克/千克）	1.0	0.5	0.5
硫胺素/（毫克/千克）	2.0	2.0	2.0
维生素B_2/（毫克/千克）	10	5	5

第四章 鸡的营养标准及饲料配制

营养指标	0~2周龄	3~6周龄	7周龄以上
泛酸/（毫克/千克）	10	10	10
烟酸/（毫克/千克）	40	30	30
吡哆醇/（毫克/千克）	4.0	3.0	3.0
生物素/（毫克/千克）	0.2	0.15	0.10
叶酸/（毫克/千克）	1.00	0.55	0.50
维生素B_{12}/（毫克/千克）	0.010	0.010	0.007
胆碱/（毫克/千克）	1500	1200	750

表4-26　肉用种鸡营养需要

营养指标	0~6周龄	7~18周龄	19周龄至开产	开产至高峰期（产蛋>65%）	高峰后期（产蛋<65%）
代谢能/（兆焦/千克）	12.12	11.91	11.70	11.70	11.70
粗蛋白质/%	18.0	15.0	16.0	17.0	16.0
蛋白能量比/（克/兆焦）	14.85	12.92	13.68	14.53	13.68
赖氨酸能量比/（克/兆焦）	0.76	0.55	0.64	0.68	0.64
赖氨酸/%	0.92	0.65	0.75	0.80	0.75
蛋氨酸/%	0.34	0.30	0.32	0.34	0.30
蛋氨酸+胱氨酸/%	0.72	0.56	0.62	0.64	0.60
苏氨酸/%	0.52	0.48	0.50	0.55	0.50
色氨酸/%	0.20	0.17	0.16	0.17	0.16
精氨酸/%	0.90	0.75	0.90	0.90	0.88
亮氨酸/%	1.05	0.81	0.86	0.86	0.81
异亮氨酸/%	0.66	0.58	0.58	0.58	0.58
苯丙氨酸/%	0.52	0.39	0.42	0.51	0.48
苯丙氨酸+酪氨酸/%	1.00	0.77	0.82	0.85	0.80
组氨酸/%	0.26	0.21	0.22	0.24	0.21

营养指标	0~6周龄	7~18周龄	19周龄至开产	开产至高峰期（产蛋＞65%）	高峰后期（产蛋＜65%）
脯氨酸/%	0.50	0.41	0.44	0.45	0.42
缬氨酸/%	0.62	0.47	0.50	0.66	0.51
甘氨酸+丝氨酸/%	0.70	0.53	0.56	0.57	0.54
钙/%	1.00	0.90	2.0	3.30	3.50
总磷/%	0.68	0.65	0.65	0.68	0.65
非植酸磷/%	0.45	0.40	0.42	0.45	0.42
氯/%	0.18	0.18	0.18	0.18	0.18
钠/%	0.18	0.18	0.18	0.18	0.18
铁/（毫克/千克）	60	60	80	80	80
铜/（毫克/千克）	6	6	8	8	8
锌/（毫克/千克）	60	60	80	80	80
锰/（毫克/千克）	80	80	100	100	100
碘/（毫克/千克）	0.70	0.70	1.00	1.00	1.00
硒/（毫克/千克）	0.30	0.30	0.30	0.30	0.30
亚油酸/%	1	1	1	1	1
维生素A/（国际单位/千克）	8000	6000	9000	12000	12000
维生素D/（国际单位/千克）	1600	1200	1800	2400	2400
维生素E/（国际单位/千克）	20	10	10	30	30
维生素K/（毫克/千克）	1.5	1.5	1.5	1.5	1.5
硫胺素/（毫克/千克）	1.8	1.5	1.5	2.0	2.0
维生素B$_2$/（毫克/千克）	8	6	6	9	9
泛酸/（毫克/千克）	12	10	10	12	12
烟酸/（毫克/千克）	30	20	20	35	35
吡哆醇/（毫克/千克）	3.0	3.0	3.0	4.5	4.5
生物素/（毫克/千克）	0.15	0.10	0.10	0.20	0.20
叶酸/（毫克/千克）	1.0	0.5	0.5	1.2	1.2
维生素B$_{12}$/（毫克/千克）	0.010	0.006	0.008	0.012	0.012
胆碱/（毫克/千克）	1300	900	500	500	500

第四章 鸡的营养标准及饲料配制

表4-27　黄羽肉鸡仔鸡营养需要

营养指标	雌性0~4周龄 雄性0~3周龄	雌性5~8周龄 雄性4~5周龄	雌性>8周龄 雄性>5周龄
代谢能/（兆焦/千克）	12.12	12.54	12.96
粗蛋白质/%	21.0	19.0	16.0
蛋白能量比/（克/兆焦）	17.33	15.15	12.34
赖氨酸能量比/（克/兆焦）	0.87	0.78	0.66
赖氨酸/%	1.05	0.98	0.85
蛋氨酸/%	0.46	0.40	0.34
蛋氨酸+胱氨酸/%	0.85	0.72	0.65
苏氨酸/%	0.76	0.74	0.68
色氨酸/%	0.19	0.18	0.16
精氨酸/%	1.19	1.10	1.00
亮氨酸/%	1.15	1.09	0.93
异亮氨酸/%	0.76	0.73	0.62
苯丙氨酸/%	0.69	0.65	0.56
苯丙氨酸+酪氨酸/%	1.28	1.22	1.00
组氨酸/%	0.33	0.32	0.27
脯氨酸/%	0.57	0.55	0.46
缬氨酸/%	0.86	0.82	0.70
甘氨酸+丝氨酸/%	1.19	1.14	0.97
钙/%	1.00	0.90	0.80
总磷/%	0.68	0.65	0.60
非植酸磷/%	0.45	0.40	0.35
钠/%	0.15	0.15	0.15
氯/%	0.15	0.15	0.15
铁/（毫克/千克）	80	80	80
铜/（毫克/千克）	8	8	8

营养指标	雌性0～4周龄 雄性0～3周龄	雌性5～8周龄 雄性4～5周龄	雌性＞8周龄 雄性＞5周龄
锰/（毫克/千克）	80	80	80
锌/（毫克/千克）	60	60	60
碘/（毫克/千克）	0.35	0.35	0.35
硒/（毫克/千克）	0.15	0.15	0.15
亚油酸/%	1	1	1
维生素A/（国际单位/千克）	5000	5000	5000
维生素D/（国际单位/千克）	1000	1000	1000
维生素E/（国际单位/千克）	10	10	10
维生素K/（毫克/千克）	0.5	0.5	0.5
硫胺素/（毫克/千克）	1.8	1.8	1.8
维生素B_2/（毫克/千克）	3.60	3.60	3.00
泛酸/（毫克/千克）	10	10	10
烟酸/（毫克/千克）	35	30	25
吡哆醇/（毫克/千克）	3.5	3.5	3.0
生物素/（毫克/千克）	0.15	0.15	0.15
叶酸/（毫克/千克）	0.55	0.55	0.55
维生素B_{12}/（毫克/千克）	0.010	0.010	0.010
胆碱/（毫克/千克）	1000	750	500

表4-28 黄羽肉鸡种鸡营养需要

营养指标	0～6周龄	7～18周龄	19周龄至开产	产蛋期
代谢能/（兆焦/千克）	12.12	11.70	11.50	11.50
粗蛋白质/%	20.0	15.0	16.0	16.0
蛋白能量比/（克/兆焦）	16.50	12.82	13.91	13.91
赖氨酸能量比/（克/兆焦）	0.74	0.56	0.70	0.70

营养指标	0～6周龄	7～18周龄	19周龄至开产	产蛋期
赖氨酸/%	0.90	0.75	0.80	0.80
蛋氨酸/%	0.38	0.29	0.37	0.40
蛋氨酸+胱氨酸/%	0.69	0.61	0.69	0.80
苏氨酸/%	0.58	0.52	0.55	0.56
色氨酸/%	0.18	0.16	0.17	0.17
精氨酸/%	0.99	0.87	0.90	0.96
亮氨酸/%	0.94	0.74	0.83	0.86
异亮氨酸/%	0.60	0.55	0.56	0.60
苯丙氨酸/%	0.51	0.48	0.50	0.51
苯丙氨酸+酪氨酸/%	0.86	0.81	0.82	0.84
组氨酸/%	0.28	0.24	0.25	0.26
脯氨酸/%	0.43	0.39	0.40	0.42
缬氨酸/%	0.60	0.52	0.57	0.70
甘氨酸+丝氨酸/%	0.77	0.69	0.75	0.78
钙/%	0.90	0.90	2.00	3.00
总磷/%	0.65	0.61	0.63	0.65
非植酸磷/%	0.40	0.36	0.38	0.41
钠/%	0.16	0.1616	0.16	0.16
氯/%	0.16	0.16	0.16	0.16
铁/（毫克/千克）	54	54	72	72
铜/（毫克/千克）	5.4	5.4	7.0	7.0
锰/（毫克/千克）	72	72	90	90
锌/（毫克/千克）	54	54	72	72

高效养鸡全彩图解+视频示范

营养指标	0~6周龄	7~18周龄	19周龄至开产	产蛋期
碘/（毫克/千克）	0.60	0.60	0.90	0.90
硒/（毫克/千克）	0.27	0.27	0.27	0.27
亚油酸/%	1	1	1	1
维生素A/（国际单位/千克）	7200	5400	7200	10800
维生素D/（国际单位/千克）	1440	1080	1620	2160
维生素E/（国际单位/千克）	18	9	9	27
维生素K/（毫克/千克）	1.4	1.4	1.4	1.4
硫胺素/（毫克/千克）	1.6	1.4	1.4	1.4
维生素B_2/（毫克/千克）	7	5	5	8
泛酸/（毫克/千克）	11	9	9	11
烟酸/（毫克/千克）	27	18	18	32
吡哆醇/（毫克/千克）	2.7	2.7	2.7	4.1
生物素/（毫克/千克）	0.14	0.09	0.09	0.18
叶酸/（毫克/千克）	0.90	0.45	0.45	1.08
维生素B_{12}/（毫克/千克）	0.009	0.005	0.007	0.010
胆碱/（毫克/千克）	1170	810	450	450

表4-29　爱拔益加（AA肉鸡）代谢能、粗蛋白、粗脂肪需要量

项目	育雏期 （0~21日龄）	中期 （22~37日龄）	后期 （38日龄至上市）
代谢能/（兆焦/千克）	23.0	20.2	18.5
粗蛋白/%	13.0	13.2	13.4
粗脂肪/%	5~7	5~7	5~7

二、肉鸡饲料配制方法与饲料配方

品种是决定肉鸡生产潜力的根本，标准化饲料是保证肉鸡生产潜力充分发挥的基础。自配饲料一般很难达到标准化饲料的要求，应该使用各种条件达标、较大饲料生产企业的产品。

1.配合饲料种类

（1）按营养成分分类　肉鸡的配合饲料按营养成分可分为全价配合饲料、浓缩饲料、添加剂预混合饲料等。

① 全价配合饲料　按照肉鸡饲养标准，充分考虑肉鸡的各种营养需要，选择多种饲料原料配合加工的饲料。全价配合饲料包括能量、蛋白质、矿物质、粗脂肪、粗纤维及维生素等全面营养，能满足肉鸡不同生长阶段的需要，饲喂全价配合饲料时，无需再添加任何其他成分。

② 浓缩饲料　又称平衡用混合料。根据肉鸡的饲养标准，由蛋白质饲料、矿物质饲料和微量元素、维生素等添加剂按一定比例配制的半成品饲料。其突出特点是除能量指标外，其余营养成分的浓度很高，粗蛋白质含量可达25%～45%。使用浓缩饲料时，只需按说明添加规定量的玉米、麸皮等能量饲料和豆粕，即可配成全价配合饲料。

③ 添加剂预混合饲料　简称预混料。根据肉鸡对微量成分的需要量，由一种或多种饲料添加剂与载体或稀释剂按一定比例配制的均匀混合物。预混料包括单一型和复合型两种。单一型预混料是同种类物质组成的预混料，如多种维生素预混料、复合微量元素预混料等；复合预混料是由2种或2种以上添加剂与载体或稀释剂按一定比例配制而成的产品。3%～4%的预混料包括各种维生素、微量元素、常量元素和非营养性添加剂等，0.4%～1.0%的预混料不包括常量元素，即不提供钙、磷、食盐。

（2）按肉鸡生理阶段分类　分为育雏料、中期料、后期料/宰前料；或分为0～4周龄料、4周龄至上市料、种鸡料等。

此外，按饲料形态又分为粉状饲料、颗粒饲料和膨化饲料等。

2.饲料的配方设计

(1)饲料配方设计的原则

① 科学性　根据不同品种和日龄肉鸡的营养需要，能够全面满足肉鸡的营养需求，以充分发挥肉鸡的生产性能。

② 经济性　饲料配方在满足营养需要的基础上，尽可能降低饲料成本。现在计算机程序能够以价格为目标函数计算出最优化配方。

③ 无公害　按照农业部发布的NY 5032—2006配制。

(2)确定饲养标准　肉鸡饲养标准是根据大量科学试验和生产实际经验得出的肉鸡在不同日龄、不同体重、不同生产水平条件下所需要的各种营养物质的数量。由于目前给出的饲养标准是试验得出的一般性数据，而事实上不同品种、不同饲养环境下的肉鸡对营养物质的需求量是不相同的。因此，要配合能够满足肉鸡需要且不造成浪费的经济性配方，就必须根据各影响条件的具体变化对饲养标准进行修正。

目前我国对肉仔鸡的饲养一般是公司+农户，公司会提供农户不同饲养阶段的全价配合饲料，农户不需要考虑饲养标准的调整、饲料原料的选择和饲料配方的计算等。

(3)饲料参考配方　见表4-30～表4-33。

表4-30　肉用商品鸡饲料参考配方（一）

适应阶段		0～4周龄	5～8周龄
配方组成/%	玉米	61.09	66.57
	豆饼	30	28
	鱼粉	6	2
	DL-蛋氨酸（98%）	0.19	0.27
	L-赖氨酸（98%）	0.5	0.27
	骨粉	1.22	1.89
	微量元素、维生素预混料	1	1

表4-31 肉用商品鸡饲料参考配方（二）

适应阶段		0～3周龄	4～6周龄	7～8周龄
配方组成/%	玉米	56.69	67.04	70.23
	大豆粕	25.1	14.8	15.1
	鱼粉	12	12	8
	植物油	3	3	3
	DL-蛋氨酸（98%）	0.14	0.23	0.31
	L-赖氨酸（98%）	0.2	0.2	0.21
	石粉	0.95	1.03	1.08
	磷酸氢钙	0.42	0.2	0.57
	维生素预混料	1	1	1
	微量元素预混料	0.5	0.5	0.5

表4-32 放养优质鸡饲料参考配方

阶段		前期	中期	后期
配方组成/%	玉米	57	63.5	68
	豆粕	32	26.5	18
	米糠	2.5	2	1
	麦麸	3.5	3	4.5
	玉米蛋白	0	0	3.5
	5%预混料	5	5	5
	合计	100	100	100

表4-33 肉用商品鸡饲料参考配方

适应阶段		0～3周龄			4～6周龄			7～8周龄		
配方组成/%	玉米	55.3	54.2	55.2	58.2	57.2	57.7	60.2	59.2	60.7
	麦麸								3	2
	豆粕	38	34	32	35	31.5	27	30	22.5	21
	鱼粉			2			2			2
	菜籽粕		5	4		5	4		9.5	4.5
	棉籽粕						3			5
	磷酸氢钙	1.4	1.5	1.5	1.4	1.3	1.3	1.3	1.3	1.3

高效养鸡全彩图解+视频示范

适应阶段		0～3周龄			4～6周龄			7～8周龄		
配方组成/%	石粉	1	1	1	1.1	1.2	1.2	1.2	1.2	1.2
	食盐	0.3	0.3	0.3	0.3	0.3	0.3	0.3	0.3	0.3
	油	3	3	3	3	2.5	2.5	3	3	3
	添加剂	1	1	1	1	1	1	1	1	1

第四节
药物饲料添加剂和动物源性饲料的使用与监控

一、药物饲料添加剂的使用与监控

随着集约化畜牧业的发展，兽药的作用范围也在扩大，有的药物如抗生素、磺胺类药物、激素及其类似物等已广泛用于促进畜禽的生长、减少发病率和提高饲料利用率。在兽药应用品种构成中，治疗药品的比重在下降。

我国兽药业发展也很快，1987～1998年共研制247种新兽药，平均每年有22.5种新兽药上市（含生物制品）。兽药的广泛运用，带来的不仅是畜牧业的增产，同时也带来了兽药的残留。现代畜牧业生产的发展，不可能脱离兽药的使用。要保证动物性食品中药物残留量不超过规定标准，必须要有用药规则，并通过法定的药残检测方法来加以监控。

为了保证畜牧业的正常发展及畜禽产品质量，发达国家规定了用于饲料添加剂的兽药品种及休药期。我国政府也颁布了类似的法规。但由于监控乏力，有的饲料厂和饲养场无视法规规定，超量添加药物，如有的饲料厂在配制蛋鸡饲料时，将数倍甚至几十倍于推荐量的喹乙醇添加于饲料中，有的养鸡场（户）在配合饲料中另外添加喹乙醇，使得日粮中喹乙醇的含量比安全值高出许多，而导致鸡喹乙醇中毒。有的饲料厂或饲养场（户）为牟取暴利，非法使用违禁药品。这些现象充分反映了当前兽药使用过程中超标、滥用的状况。如果这一状况得不到有效控制，兽药在畜禽产品中的残留将对人类健康产生很大危害。

为了遏制这种状况的继续发展，除进一步完善兽药残留监控立法外，还应加大推广合理规范使用兽药配套技术的力度，加强饲料厂及养殖场（户）对药物和其他添加物的使用管理，对不规范用药的单位及个人施以重罚，最大限度地降低药物残留，将兽药残留量控制在不影响人体健康的范围内。

二、动物源性饲料的使用与监控

蛋鸡常用的动物源性饲料主要有鱼粉和肉骨粉。

1. 鱼粉

由于所用鱼类原料、加工过程与干燥方法不同，其品质相差较大。鱼粉品质不良所引起的毒性问题主要表现在以下几个方面。

（1）霉变　鱼粉在高温潮湿的状况下容易发霉变质。因此，鱼粉必须充分干燥。同时，应当加强卫生检测，严格控制鱼粉中真菌和细菌含量。

（2）酸败　鱼类特别是海鱼的脂肪，因含有大量不饱和脂肪酸，很容易氧化发生酸败。这样的鱼粉表面呈现红黄色或红褐色的油污状，有恶臭，从而使鱼粉的适口性和品质显著降低。同时，上述产物还可促使饲料中的脂溶性维生素A、维生素D与维生素E等被氧化破坏。因此，鱼粉应妥善保管，并且不可存放过久。

（3）食盐含量过高　我国对鱼粉的标准中规定，鱼粉中食盐的含量，一级品与二级品应不超过4%，三级品应不超过5%。使用符合标准的鱼粉，不会出现饲粮中食盐过量的现象。但目前国内有些厂家生产的鱼粉，食盐含量过高，甚至达到15%以上。此种高食盐含量的鱼粉在饲粮中用量过多时，可引起鸡发生食盐中毒。

（4）含有胃溃素　红鱼粉及发生自燃和经过高温的鱼粉中含有一种能引起鸡肌胃糜烂的物质——胃溃素。研究认为，其有类似组胺的作用，但活性远比组胺强。它可使胃酸分泌亢进，胃内 pH 值下降，从而严重地损害胃黏膜，使鸡发生肌胃糜烂，有时发生"黑色呕吐"。为了预防鸡肌胃糜烂的发生，最有效的办法是改进鱼粉干燥时的加热处理工艺，以防止毒物的形成。

（5）细菌污染　如果鱼粉在加工、储存和运输过程中管理不当，很容易受到大肠杆菌、沙门菌等致病菌的污染。使用这样的鱼粉会使鸡的健康受到威胁。

2. 肉骨粉

近年来，人们对牛海绵状脑病（BSE，又称疯牛病）再熟悉不过了。究其病因，是用了有问题的肉骨粉喂牛引起的。为了切断病源，英国对反刍动物饲料中添加肉骨粉制定了两个限制性法案。

鸡是单胃动物，没有严格禁止使用肉骨粉，但在实际应用时，应防止使用霉变的肉骨粉与肉粉喂鸡。应加强卫生检测，严格控制其中的真菌和细菌数量。

❖ 第五节 ❖
饲料的无害化管理

一、饲料原料收购的无公害化管理

虽然组成配合饲料的原料种类繁多，但我国为大多数饲料原料都制定了相应的质量标准。因此，原料收购过程中一定要严格遵守原料的质量标准，以确保原料质量。饲料原料的质量好坏，可以通过一系列的指标加以反映，主要包括一般性状及感官鉴定，有效成分的检测分析，是否含有杂质、异物、有毒有害物质等。

1. 一般性状及感官鉴定

这是一种简略的检测方法。但是由于其简易、灵活和快速，常用于原料收购的第一道检测程序。感官鉴定就是通过人体的感觉器官来鉴别原料是否色泽一致，是否符合该原料的色泽标准，有无发霉变质、结块及异物等。如发霉玉米可见其胚芽处有蓝绿色，麸皮发霉后出现结块且颜色呈蓝灰色，掺有羽毛粉的鱼粉中有羽毛碎片，过度加热的豆粕呈褐色等。通过嗅觉来鉴别具有特殊气味的原料，检查有无霉味、臭味、氨味、焦煳味等，如变质的肉骨粉有异味，正常品质的鱼粉有鱼特有的腥香味等。将样品放在手上或用手指捻搓，通过触觉来检测粒度、硬度、黏稠性，有无附着物及估计水分的多少。必要时，还可通过舌舔或牙咬来检查味道，如过咸的鱼粉用舌舔可以鉴别。对于检查设施较为完善的地方，可借助筛板或放大镜、显微镜、水分测试仪等进行检查。一般性状的检查通常包括外观、气味、温度、湿度、杂质和污损等。

2. 有效成分分析

（1）概略养分　水分、粗蛋白质、粗脂肪、粗纤维、粗灰分和无氮浸出物总称六大概略养分。它们是反映饲料基本营养成分的常用指标。

（2）矿物质　在饲料中的矿物质，钙、磷和食盐的含量是饲料的基本营养指标。含量不足，比例不当，往往会引起相应的缺乏症。但如果使用过量，就会破坏蛋鸡的正常代谢和生产过程。以上常量元素可通过常规法进行测定。

（3）饲料添加剂　饲料添加剂包括微量元素、维生素、氨基酸等营养性添加剂和生长促进剂、驱虫保健剂等非营养性添加剂。在生产过程中，饲料添加剂用量很少，价格较高，要求极严。大部分添加剂的分析要借助分析仪器，如紫外分光光度计和液相色谱等，有时还采用微生物生化法和生物试验的方法加以检测。

（4）有毒有害物质　饲料原料中含有的有毒有害物质大致可分为以下几类，它们需要在专业实验室分析。

① 真菌所产生的毒素　如黄曲霉毒素、杂色曲霉毒素和棕色曲霉毒素等。

② 农药残留　主要为有机氯、有机磷农药残留和储粮杀虫剂残留等。

③ 原料自身的有毒物质　如棉籽饼（粕）中的棉酚、菜籽饼（粕）中的异硫氰酸酯、高粱中的鞣酸等。

④ 铅、汞、镉、砷等重金属元素及受大气污染而附上的有毒物质　如烟尘中的3,4-苯丙芘对饲料的污染等。

⑤ 某些营养性添加剂的过量使用　如铜、硒等，用量过大同样会引起蛋鸡中毒。

有毒有害物质及微生物的含量应符合相关标准的要求，制药工业的副产品不应作为蛋鸡饲料原料，应以玉米、豆饼为蛋鸡的主要饲料，使用杂饼粕的数量不宜太大。

二、加工和调质的无公害化管理

饲料企业的工厂设计与设施卫生、工厂的卫生管理和生产过程应符合国家有关规定，新接受的饲料原料和各批次生产的饲料产品均应保留样品。

1. 粉碎过程

饲料生产中应用的谷物原料一般都先经过粉碎。粉碎大块的原料，要检查有无发霉变质现象。粉碎后的原料粒径减小，表面积增大，在蛋鸡消化道内更多地与消化酶接触，从而提高饲料的消化利用率。通常认为饲料表面积越大，溶解能力越强，吸收越好，但是事实不完全如此，吸收率取决于消化、吸收、生长、生产机制等。如饲料中有过多粉尘，还会引起蛋鸡患呼吸道、消化道疾病等。因此，粉碎谷物有一个适宜的粒度。同时，粉碎粒度的情况也将直接影响以后的制粒性能，一般来说，表面积越人，调质过程淀粉糊化越充分，制粒性能越好，从而也提高了饲料的营养价值。

2. 配料混合过程

配料精确与否直接影响饲料营养与饲料质量。若配料误差很大，营养的配给达不到要求，一个设计科学、合理的配方就很难实现。

定期对计量设备进行检验和正常维护，以确保其精确性和稳定性。微量和极微量组分应提前进行预稀释，并应在专门的配料室内进行。

混合工序投料应按照先大量、后小量的原则进行，投入的微量组分应将其稀释到配料最大称量的5%以上。

同一班次应先生产不添加药物添加剂的饲料，然后生产添加药物添加剂的饲料。先生产药物含量低的饲料，再生产药物含量高的饲料。在生产不同的药物添加剂的饲料产品时，对所用的生产设备、用具、容器应进行彻底的清理。

3. 调质

制粒前对粉状饲料进行水热处理称为调质，通过调质可达到以下目的。

（1）提高饲料可消化性　调质的主要作用是对原料进行水热处理。在水热作用下，原料中的生淀粉得以糊化而成为熟淀粉。如不经调质直接制粒，成品中淀粉的糊化度仅为14%左右；采用普通方法调质，糊化度可达30%左右；采用国际上新型的调质方法，糊化度则可达60%以上。淀粉糊化后，可消化性明显提高，因而可通过调质达到提高饲料中淀粉利用率的目的。调质过程中的水热作用还可使原料中的蛋白质受热变性，饲料中的蛋白质就可充分消化吸收。

（2）杀灭致病菌　当今饲料研究的一个热点是饲料的安全与卫生。使用卫生欠缺的饲料，得到的禽畜产品就难以保证安全与卫生。饲料与动物健康的关系虽已引起饲料研究和生产者注意，但目前国内众多饲料厂采用在饲料中加入各种防病、治病药物的方法有很多弊端。大部分致病菌不耐热，可通过采用不同参数或不同的调质设备进行饲料调质，以有效地杀灭饲料中的致病菌、昆虫或昆虫卵，使饲料的卫生水平得到保证。同样配方的饲料，如经过高温灭菌后，鸡的发病率会明显下降。与药物防病相比，调质灭菌成本低，无药物残留，不污染环境，无副作用。

三、包装、运输与储存

第一，饲料包装应完整，无漏洞，无污染和异味。包装的印刷油墨应无毒，不向内容物渗漏。

第二，运输作业应保持包装的完整性，防止污染。要使用专用运输工作，不应使用运输畜、禽等动物的车辆及运输农药、化肥的车辆，运输工具和装卸场地应定期消毒。

第三，饲料保存在通风、背光、阴凉的地方，饲料储存场地不应使用化学灭鼠药和杀虫剂等。保存时间夏季不超过10天，其他季节不超过30天。

第五章
蛋鸡标准化饲养管理技术

根据蛋鸡生长发育和生产特点，饲养周期可划分为三个阶段：育雏期（0～6周龄）、育成期（7～18周龄）和产蛋期（19周龄至淘汰）。

第一节
育雏期的饲养管理

育雏期一般指0～6周龄。育雏期是蛋鸡生产中饲养管理和疫病防治的关键时期，雏鸡培育的好坏直接影响育成鸡（又称后备鸡）的生长发育、成活率的高低，以及日后成年鸡的生产性能。育雏期要求房舍保温性能良好，加温设施配套完备；育雏期的饲料为颗粒状，营养浓度较高；育雏期的免疫接种次数较多，管理更应认真仔细。

一、育雏方式

1. 平面育雏

平面育雏分为地面平养和网上平养。

（1）地面平养 在地面铺3～5厘米厚的垫料（垫料可经常更

换，也可到育雏期结束时一次性清理），将料槽（或开食盘）和饮水器置于垫料上，雏鸡在垫料上采食、饮水、活动和休息，这种育雏方式叫地面平养（图5-1）。供暖方式有两种：一种是整体供暖，如暖气、热风炉（图5-2）、暖风机等；另一种是局部供暖与整体供暖相结合，如暖气＋控温育雏伞、热风炉＋控温育雏伞、暖风机＋控温育雏伞等。与整体供暖相比，局部供暖与整体供暖相结合的供暖方式更节约能源。

图5-1　地面垫料平养鸡舍

图5-2　热风炉

（2）网上平养　将料槽（或开食盘）、水槽（或饮水器）置于网床上，雏鸡在网床上采食、饮水、活动和休息，这种育雏方式叫网上平养。网床制作：用金属焊制、木棍或竹棍扎制床架，将塑料网或铁丝网铺在床架上，床面离地60～100厘米，并将网片在床四周折竖成床围，床围高30～50厘米。供暖方式与垫料平养基本相同。雏鸡在网上饲养，粪便直接漏到网下。雏鸡不接触地面，可以减少雏鸡白痢、球虫病等传染的机会。

2. 笼养育雏

随着饲养规模的扩大，现在一般采用笼养育雏，即采用多层育雏笼育雏（图5-3），或育雏育成笼育雏（图5-4）。笼养一般采用整体供暖方式供暖。这种育雏方式可充分利用室内空间和热源，提高劳动生产效率，方便清洁卫生。但需良好的通风设施和较高的饲养管理技术。

图5-3　多层育雏笼育雏　　　　　　图5-4　育雏育成笼育雏

二、育雏前的准备

1. 制订育雏计划

（1）育雏季节的选择　不同生产规模的蛋鸡场，其选择育雏季节的依据各不相同。大型蛋鸡场，为充分利用育雏舍和育成舍，全年均衡向市场供应鸡蛋，常年定期育雏。而小规模的蛋鸡场，育雏季节的选择依据是既有利于育雏，又要使产蛋高峰避开高温季节而处于蛋价最好的季节。实践证明：自然条件下，春季育雏效果最好（3～5月份孵出的雏鸡）。此时气候适宜，种鸡性欲旺盛，种蛋孵出的雏鸡生命力强。空气干燥，阳光充足，气温渐高，适合雏鸡生长发育，雏鸡生长快、成活率高。进入产蛋高峰时（8～9月份），温度环境各方面都适宜，可利用秋季产蛋鸡淘汰，鲜蛋供应短缺的空档，适宜的温度也可延长产蛋高峰期，从而提高产蛋量，增加效益。秋季育雏（9～11月份孵出的雏鸡）次之，因为育雏时外部条件适宜雏鸡生长，但育成鸡正好赶上日照逐渐延长阶段，性成熟早、开产时体重往往达不到标准，造成蛋重轻，产蛋高峰持续时间短。因此，秋季育雏在管理上要注意保持鸡的性成熟与体成熟的一致性。冬季育雏（12月份至翌年2月份孵出的雏鸡），由于冬季外界气温低，给温时间长，缺乏充足阳光（日照时间短），因此饲料、能源消耗高，育雏成本较高，若管理不当，翌年秋季又会休产换羽。夏季育雏（6～8月份孵出的雏鸡），此时环境温度高，雏鸡多病，成活率低。

（2）进雏数量的确定　每批进雏数量必须与育成舍、产蛋鸡舍的容量相符，不能盲目进雏。在育雏舍和产蛋鸡舍容量允许的前提下，进雏数量以产蛋鸡舍的容量为基础来计算。

进雏数＝产蛋鸡舍的容量÷雌雄鉴别准确率÷（1-育雏育成期的死淘率）

2. 育雏舍及其设备的准备

育雏前，检修好育雏舍、育雏设备和电路；准备足够的开食盘、料槽、饮水器，并将其清洗干净后用0.1%的高锰酸钾溶液等消毒液浸泡消毒，再用清水洗净；将育雏舍彻底清扫，地面、墙壁、门窗、鸡笼（或网床）和其他育雏用具用高压水枪冲刷，冲洗后用1%～2%的火碱水浸泡地面及墙壁1米高2～4小时后，再用清水冲洗；水干后，再用0.3%～0.5%的过氧乙酸溶液或其他消毒剂溶液，进行高压水枪喷洒消毒；待水干后，将底网、侧网安装好，用火焰对笼架、底网、侧网及料槽仔细喷烧两遍（图5-5），将其余设备全部安装布置好（地面平养要铺好垫料），把鸡笼（或网床）、料槽（开食盘）、饮水器和其他育雏用具放入育雏室一同用15克/米^{3}高锰酸钾、30毫升/米^{3}福尔马林（甲醛）密闭熏蒸（图5-6），24小时后打开门窗和排风扇排尽甲醛气味，至少空置2周。进雏2天前，检验调试（供暖要检查是否漏气），一切正常后要提前预温，将育雏室内环境条件调到育雏所需要求，尤其是温度。据笔者经验，待育雏舍温度达到36℃以上时，方可接鸡。

图5-5　火焰喷烧育雏笼

图5-6　甲醛熏蒸

3. 制订合理的免疫程序

准备好饲料、药物（图5-7）和疫苗等物资，根据当地疾病流行情况及本场的实际，制订出科学的免疫程序。选购备足常用的预防用兽药、治疗用兽药和消毒药。按照营养标准准备好适量的育雏料及开食用的玉米糁子。地面平养还应备足

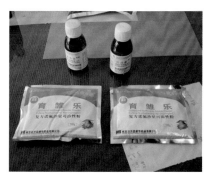

图5-7　备好的雏鸡用药物

优质垫料，垫料要求干燥、清洁、柔软、吸水性强、灰尘少，切忌使用发霉的垫料。

三、雏鸡的选择与运输

对雏鸡个体质量的选择，主要通过观察外部形态来选择健康雏鸡（图5-8）。可采用"一看、二听、三摸"的方法进行。具体内容参考本书第三章第三节"三、健康雏鸡的选择"。

雏鸡一般由孵化场的运输雏鸡的专用车（图5-9）送到，如果要自己运，最好购买孵化场的一次性运雏箱（图5-10）。要对运雏工具和车辆进行消毒；运雏箱一般一箱可以装雏鸡100只，夏季装雏鸡80只。运雏车要求既要保温又要通风良好，切忌用敞篷车运雏，更不能用运过化肥、农药的车运雏，装车时盒与盒之间要有一

图5-8　健康雏鸡

图5-9　运雏

高效养鸡全彩图解＋视频示范

定空隙；行车要平稳，防止剧烈颠簸和急刹车，途中不得停留。运输途中要经常观察，注意雏鸡箱是否歪斜、翻倒，防止雏鸡相互挤压或窒息死亡。运输时间要合适，冬季选择中午运，夏季早晚运，要在出壳后48小时以内到达目的地。

图5-10　一次性运雏箱

四、雏鸡的饲养管理方式

1.雏鸡的生理特点及相应饲养管理要求

与其他阶段的鸡相比，雏鸡有下列特点：第一，体温调节能力差。刚出壳的雏鸡体温低，大约20日龄时才接近成年鸡的体温，羽毛短而稀疏，且全为绒毛，保温能力差，雏鸡采食少，体内产热少，要注意保温；雏鸡虽体重小，但单位体表面积大，散热多，40日龄后才具备适应外界环境温度变化的能力，因此，育雏期所需的温度较高。第二，消化能力差。雏鸡的胃肠道容积小，消化功能尚未健全，对食物的消化能力差。因此，要求提供易消化的饲料，并采用少量多次的饲喂方式。第三，代谢旺盛，生长发育快。一般2周龄、4周龄和6周龄雏鸡的体重分别是出壳重的4倍、8.3倍和15倍，因此，在保证良好环境条件的同时，还要求提供各种营养成分充足的饲料。第四，抗病力弱。雏鸡的抗病力弱，加之饲养密度大，育雏期必须加强卫生消毒和预防免疫。饲喂大鸡的饲养员不得进入育雏舍，育雏舍的饲养员进出必须更换工作服，尤其是工作鞋。第五，敏感性强。雏鸡对周围环境的变化非常敏感，噪声、各种颜色或生人进入都会引起鸡群骚乱。因此，环境的安静与饲养管理的稳定对育雏尤为重要。

2.适宜的环境

雏鸡的生理特点决定了育雏期条件不同于其他阶段，这些条件主要包括温度、湿度、通风、密度、光照等。

（1）温度 温度是培育雏鸡的首要环境条件，温度控制的好坏直接影响育雏效果。观察温度是否适宜，除看温度计外（注意：温度计要挂在鸡活动区域里，高度与鸡头水平），主要看雏鸡的表现。当雏鸡在笼内（或地面、网上）均匀分布，活动正常，采食、饮水适中时，则表示温度适宜；当雏鸡远离热源，两翅张开，趴地张口喘气，采食减少，饮水增加，则表示温度过高，应设法降温；当雏鸡紧靠热源挤压成堆，吱吱尖叫，则表示温度偏低，应加温（注意夜间温度比白天要高1～2℃）。不同育雏方式的育雏温度要求详见表5-1。

表5-1 建议的育雏温度

日龄	温度/℃	日龄	温度/℃
0～3	36～33	22～28	26～24
4～7	33～31	29～35	23～21
8～14	31～29	35～42	23～21
15～21	29～27		

注：表中温度是指雏鸡活动区域内鸡头水平高度的温度。

0～3日龄的温度控制至关重要，温度偏低会严重影响雏鸡腹腔内剩余卵黄的吸收及生长发育，甚至导致雏鸡死亡。据笔者经验，前3天的温度尤其是夜间温度一定要达到36℃。防止温度偏低固然重要，但也要防止温度过高，温度过高会导致雏鸡活动减少，饮水增加，采食减少，同样会影响雏鸡的生长发育。随着雏鸡日龄的增大，育雏温度应逐渐降低，且要保持育雏舍内温度相对稳定。

（2）湿度 湿度对雏鸡的影响不像温度那样明显，但当湿度过高或过低或与其他因素共同作用时，可能对雏鸡造成很大危害。因此，育雏舍的湿度不可忽视。雏鸡较适宜的环境湿度是55%～65%，育雏前期即1～10日龄湿度要稍高些（60%～70%），育雏中后期即10日龄以后湿度要低些（50%～60%）。育雏前期湿度过低，可在火炉上放水盆或水桶蒸发水分或者在地面、墙壁上喷水；中后期湿度过大时，应加大通风量，降低饲养密度，防止漏洒水。测定育雏舍的相对湿度用干湿温度计（图5-11），利用干球读数与湿球读数的差来测定育雏舍的湿度，不同干、湿温度差的相对湿度值见表5-2。

图5-11　干湿温度计

表5-2　利用干球与湿球温度读数差确定相对湿度

干球温度读数/℃	干球温度与湿球温度读数差/℃ 相对湿度/%					
	1	2	3	4	5	6
23	92	84	69	69	62	55
24	92	84	69	69	62	56
25	92	84	70	70	63	57
26	92	85	70	70	64	57
35	94	87	81	75	69	64
36	94	87	81	75	70	64
37	94	87	82	76	70	65

（3）通风　为了防止育雏舍内有害气体浓度过高，在保证适宜温度的前提下，应适当通风，尽量保持育雏舍内空气新鲜（图5-12）。育雏期通风量为每只每小时1.8～2.3米^3，通风量的大小随品种和日龄的变化而变化。白壳蛋鸡要求的通风量比褐壳蛋鸡小些，鸡的日龄越大要求的通风量就越大。判断舍内空气新鲜与否，在无检测

仪器的条件下以人进入舍内感到较舒适，即以不刺眼、不呛鼻、无过分臭味为宜（氨气不超过20毫克/千克，硫化氢不超过10毫克/千克，二氧化碳不超过0.15%）。对小规模蛋鸡场，如果没有专门的通风设备，一般通过开关门窗来通风换气。做法是在中午或天气温暖时打开门窗，视舍内温度的高低确定关闭的时间。

图5-12 育雏舍换气扇

（4）密度 不同的育雏方式、不同的饲养阶段，饲养密度各不相同。饲养密度的大小直接影响雏鸡的生长发育，饲养密度合理，雏鸡采食、饮水正常，生长发育均匀一致。密度过大，生长发育不整齐，易感染疫病和发生啄癖，死亡率升高，羽毛生长不整齐。密度过小，会造成人力、设备等的浪费。饲养密度的大小还受其他很多因素影响，如品种、季节、鸡舍环境等。一般来讲，饲养褐壳蛋鸡或在夏季育雏时，饲养密度应小些；而饲养白壳蛋鸡或在冬季育雏，饲养密度可大些。不同日龄、不同育雏方式下的饲养密度见表5-3。

表5-3 不同日龄、不同育雏方式下的饲养密度

地面平养		立体笼养		网上平养	
周龄	密度/（只/米²）	周龄	密度/（只/米²）	周龄	密度/（只/米²）
0～2	30～35	0～1	60	0～2	40～50
2～4	20～25	1～3	40	2～4	30～35
4～6	15～20	3～6	34	4～6	20～24
6～12	5～10	6～11	24	6～8	14～20
12～20	5	11～20	14	—	—

据笔者多年工作经验：为了使整群雏鸡能均匀生长，结合免疫不断降低饲养密度。地面平养、网上平养的雏鸡，每次调整时要将体重小的放在离热源比较近的地方；立体笼养的雏鸡，1～3日龄

的所有雏鸡全部放在上两层笼内，每次调整时要将体重小的放在最上一层，体重大的逐渐往下层疏散。

（5）光照　光照对雏鸡的生长发育十分重要，它关系到雏鸡的采食、饮水、运动和休息，以及饲养人员的管理操作。

育雏期的前3天，采用24小时光照，白天利用自然光照，夜间用白炽灯、节能灯补充光照的强度为6～8瓦/米²，便于雏鸡熟悉环境，寻找采食、饮水位置，也有利于保温。4～7日龄，每天光照19～22小时，以后每周逐渐缩短光照时间，让雏鸡逐步适应夜间黑暗，6周龄以后每天光照10～12小时。6周龄以后开放式、半开放式育雏舍采用自然光照，如果自然光照时数达不到10～12小时，可补充人工光照，目的是延长采食时间，满足生长发育的需要。6周龄以后，光照强度也要逐渐减弱到4～5瓦/米²。光线分布要均匀，灯与灯之间的距离为2～3米，灯离地面的距离为1.5～2米，保证每个位置、每层笼内的雏鸡能接受到合适的光线（图5-13）。育雏期光照制度见表5-4。

图5-13　育雏舍三排照明灯

表5-4　育雏期光照制度

周龄	关灯时间	光照时数/小时
0～3日龄	夜间不关灯	24
4～7日龄	凌晨2:00～凌晨4:00	22
2	凌晨2:00～早上6:00	20
3	晚上12:00～第二天早上6:00	18
4	晚上10:00～第二天早上6:00	16
5	晚上8:00～第二天早上6:00	14
6	下午6:00～第二天早上6:00	12

注：如果发现雏鸡的体重小于标准体重，可在晚上10:00～12:00补饲1小时。

3. 雏鸡的安放、初饮和开食

（1）安放　雏鸡进入育雏舍之后，马上进行计数，并按强弱分群。

强雏安放在离热源较远处，弱雏靠近热源。多层笼育雏时弱雏放在上层，强雏放在下层。注意要将用后的一次性纸制雏鸡盒烧毁。

（2）初饮　初生雏鸡第一次饮水为初饮（图5-14）。雏鸡入舍后，稍作休息即可进行初饮。初饮的水应提前放在育雏舍内，最好是凉开水或软化水，第一天在饮水中可适当添加5%～8%的葡萄糖或白糖，0.1%的维生素C或电解多维，及预防雏鸡白痢的药物，如果雏鸡经过长途运输，此配液可连用3天，但每次必须是现配现饮。注意备足饮水器（或水槽），保证任何时候饮水器（或水槽）内都有干净水；雏鸡刚进育雏室对环境不适应，不会饮水，放鸡时可逐只在水里沾一下喙，或是先抓几只雏鸡，把喙按入饮水器，这样反复2～3次雏鸡便可学会饮水，这几只雏鸡学会后，其他的雏鸡很快都去模仿。

（3）开食　雏鸡第一次喂食叫开食（图5-15）。一般掌握在出壳后的24～36小时，初饮后2～3小时或有1/3的雏鸡有求食的欲望时开食。开食不宜过早，过早开食因雏鸡胃肠软弱，容易损伤消化器官；但是过晚开食有损体力，影响正常生长发育。据笔者经验：玉米糁子易消化，用玉米糁子开食，有利于胎粪的排出，可

图5-14　初饮

图5-15　开食

减少雏鸡白痢病的发生，每只鸡需准备玉米糁子5克。将玉米糁子（图5-16）撒于开食盘或塑料布上，耐心诱导采食，随后便可饲喂干的雏鸡颗粒饲料（图5-17）。

图5-16　开食用玉米糁子

图5-17　雏鸡颗粒饲料

（4）雏鸡的日常饲养管理

① 饲喂　前一周饮温开水，一周后可饮自来水。自来水提前装入桶内，放入育雏室，使水温与室温相同。饮水要清洁，水质符合人畜饮水标准。饮水器（或水槽）数量要配足，确保每只鸡有足够的饮水位置（表5-5）。雏鸡不能断水，确保在有光照的时间内饮水器中始终有新鲜水，否则会引起相互啄食，每次换水时都要对饮水器进行清洗、消毒。一般情况下，雏鸡的饮水量为采食量的2倍，雏鸡饮水量的突然改变，往往是鸡群出现问题的征兆。如球虫感染、法氏囊病感染或饲料中食盐含量过高，都会引起鸡群饮水量突然增加。雏鸡的饮水量见表5-6。

表5-5　雏鸡的采食、饮水位置要求

雏鸡周龄	采食位置		饮水位置		
	料槽/（厘米/只）	料桶/（只/个）	水槽/（厘米/只）	饮水器/（只/个）	乳头饮水器/（只/个）
0～2	3.5～5	45	1.2～1.5	60	10
3～4	5～6	40	1.5～1.7	50	10
5～6	6.5～7.5	30	1.8～2.2	45	8

注：料桶食盘直径为40厘米，饮水器水盘直径为35厘米。

表5-6　雏鸡的饮水量参考标准　单位：毫升/（只·日）

周龄	饮水量	周龄	饮水量
1	12～25	5	55～70
2	25～40	6	65～80
3	40～50	7	75～90
4	45～60	8	85～100

　　饲喂雏鸡的饲料品质要好，营养全面，适口性强，粗纤维含量低，易消化。饲喂时应遵循少量多次的原则。除开食用玉米糁子外，其他阶段最好选用大型饲料公司生产的颗粒雏鸡料，7周龄后换成粉料。前3天用开食盘或塑料布饲喂，4日龄开始笼养鸡换挂成料槽，平养鸡换成料桶。0～3日龄自由采食，4～7日龄每天喂8次，即每间隔2～3小时喂1次，以后随着光照时间的缩短，逐渐减少饲喂次数，逐渐减少到7周龄之后每天喂4次。

　　② 称重　为了掌握雏鸡的发育情况，检查饲养管理是否到位，及时发现问题和解决问题，应定期称重（图5-18）。按1%～5%随机抽样，逐只空腹称重，每次不得少于50只，将称重结果与标准体重比较，蛋鸡不怕体重过大，若体重过小，应检查是饲料问题还是管理问题，并采取相应措施。每个品种都有其标准体重和饲料消耗量，在《鸡饲养标准》（NY/T 33—2004）中对于1～8周龄的蛋用雏鸡体重发育和饲料消耗提出了标准（表5-7）。实践中需要根据鸡体重的抽查情况，了解雏鸡的生长发育，并合理调整每周的饲料供给量。

图5-18　称重

表5-7　生长蛋鸡体重与耗料量

周龄	周末体重/（克/只）	耗料量/［克/（只·周）］	累计耗料量/（克/只）
1	70	84	84
2	130	119	203
3	200	154	357
4	275	189	546
5	360	224	770
6	445	259	1029
7	530	294	1323
8	615	329	1652

③ 断喙　导致啄癖的原因有很多，如日粮不平衡、饲养密度过大、温度过高、通风不良、光照过强、断水或缺料等，除克服以上问题外，目前防止啄癖普遍采用的主要措施就是断喙。断喙既可防止啄癖，又节约饲料，促进雏鸡的生长发育。一般进行两次断喙，在6～9日龄进行第一次断喙，将上喙断去1/2～2/3、下喙断去1/3（图5-19、图5-20）。具体方法：待断喙器的刀片烧至褐红色，用食指扣住雏鸡喉咙，拇指压住鸡头，使雏鸡缩舌防止烧到舌尖，上下喙同时断，烧烙的时间为1～2秒；若发现有个别鸡断喙后出血，应再行烧烙。断喙时应注意：免疫期不断，断喙过程中不能同时进行免疫；断喙前在每千克饲料中加入2毫克维

图5-19　断喙

图5-20　断喙前后对比

生素K，以防出血过多，其他维生素的添加量也要增加2～3倍；断喙后立即供给清洁饮水，料槽和水槽要上满些，以免碰到坚硬的料槽和水槽。第二次断喙结合免疫，一般在20日龄后，对第一次断喙不太整齐的进行修补。

断喙视频概述：

断喙的目的是防止笼养鸡互啄，还可以节省饲料。

扫一扫
观看"断喙"视频

雏鸡断喙一般在7日龄左右进行。首先将断喙器刀片烧红，左手抓住鸡腿部，右手拿鸡，同时右手拇指放在鸡头顶上，食指放在鸡咽下，轻压，使鸡缩舌。鸡喙置于刀片灼烧，持续2～3秒，上喙断去1/2，下喙断去1/3，上下喙边缘整齐且不出血。

④ 观察鸡群　每天饲养人员、技术管理人员要对鸡群进行细致的观察。具体从以下几个方面来观察。一是观察雏鸡的精神。健康雏鸡反应灵敏，饲养员经过，紧跟不舍；病鸡反应迟钝或独居一处。二是观察采食和饮水情况。健康雏鸡食欲旺盛，采食急切，饮水量适中；病鸡一般食欲下降或废绝，饮水量增加。三是观察粪便。正常雏鸡粪便为灰白色，上有一层白色尿盐酸（盲肠粪便为褐色），稠稀适中，患有某种疾病时，往往腹泻或颜色异常。四是听音。关灯1小时后，听是否有咯咯声、呼噜声、甩鼻声等。如有这些情况，则说明鸡群已有病情，需做进一步的详细检查。如发现病鸡应及时拿出，送兽医室检查化验。

⑤ 卫生消毒和疾病预防　雏鸡抗病力差，饲养密度又大，患病后易于传播。因此，育雏期必须加强卫生消毒和疾病的预防监测。每天按时清粪并及时运至粪污处理场或区，进行无害化处理；保持鸡舍内部和周围环境的清洁卫生，饮水设施每天清洗消毒，料槽等

其他用具定期清洗消毒；周围环境每天消毒1次（图5-21），鸡舍带鸡消毒每天2次，早晚各1次，喷雾的高度以超过鸡背20～30厘米为宜，消毒药应选两种以上不同成分的交替使用。饲养员每次进入鸡舍时都要更换育雏专用工作衣。严格按免疫程序进行免疫接种，还可在一些疾病的高发期进行预防性投药。预防和治疗的药物使用应遵守国家关于畜禽用药的规定。

图5-21　育雏舍周围环境消毒

⑥ 做好记录　为了便于计算成本，检查育雏效果，要做好准确的育雏记录。记录内容可根据具体情况而定，但必须包括进雏时间、入舍雏鸡数、每日耗料量、每日死亡数、存活数、各周末体重、温湿度、光照、投药情况、疫苗接种情况等。

（5）育雏效果的检查　检查育雏效果的好坏主要通过成活率、体重和均匀度等指标来衡量。在良好的饲养管理条件下，雏鸡0～6周龄的成活率在95%以上，育雏效果好的鸡群可达95%～97%。如果鸡群中80%的个体在平均体重±10%范围内，则认为均匀度较好。

雏鸡成活率（%）＝育雏期末存活的雏鸡数÷入舍雏鸡数×100%

第二节
育成期的饲养管理

育成期指7周龄到开产前期（18周龄）。育成期开放式、半开放式鸡舍采用自然光照，饲喂次数、免疫次数均少于育雏期，每天也不需要捡蛋，表面看育成期的饲养管理最为简单，但同样不可忽视，育成期的任何失误都会使育雏期的成果前功尽弃，而且影响后期的产蛋性能。

一、育雏期向育成期的过渡

1. 转群

为了减少投资，现在一般不另外配置专门的育成笼舍，雏鸡在育雏舍养到10周龄左右时直接转入产蛋舍。在转群1个月前，必须完成育成舍（产蛋舍）及设备的检修、清洗和消毒等准备工作。转群前后2～3天要在饲料或饮水中添加电解多维及抗菌消炎药物，以防转群应激引起鸡群发病，正式转群前6小时要停止给料。转群应在下午5点后进行，夏天要更晚，使鸡群经过一个晚上的休息减少应激。结合转群，进行鸡只的盘点、强弱分群和选留淘汰，淘汰病残个体（图5-22），以防病菌带进育成舍。转群应注意：转群同时不能接种疫苗、断喙；转群的时间应选在天气不冷不热时进行；抓鸡的动作要轻，不能用力太大，要抓两腿，一次抓的鸡不能太多，以防造成伤害；转群最好使用育成鸡专用转运盒（图5-23）。

图5-22　残鸡

图5-23　育成鸡专用转运盒

2. 逐步脱温

转群前应逐渐降温，降至与育成舍温度相近，只要昼夜温度稳定在18℃以上，即可撤掉供热源；但如遇到降温天气（尤其是晚上），则应及时升温。

3. 逐渐换料

雏鸡料和育成鸡料有很大差异，如果突然换料，会造成较大的应激，应该逐渐更换，根据体重情况，一般7～8周龄末换料，在雏鸡料中每天按15%～20%比例增加育成料，用1周左右逐渐过渡到育成料。

二、育成期的饲养管理方式

1. 育成鸡的生长发育特点及相应饲养管理要求

育成鸡的体温调节能力逐步增强，对外界环境有较强的适应能力；消化功能基本健全，采食量与日俱增，骨骼和肌肉的生长都处于旺盛时期，自身对钙质的沉淀能力有所提高；10周龄后生殖系统发育速度加快直至性成熟。因此，这一时期的饲养管理重点是在保证骨骼和肌肉充分发育的前提下，严格控制性成熟时间。

2. 环境控制

在育成阶段，各种环境因素对育成鸡生长发育都有影响，但光照的影响是最重要的。

（1）光照　光照是育成期蛋鸡的首要环境条件，光照对育成鸡的生长发育（性成熟）具有重要影响，光照控制的好坏直接影响产蛋鸡的生产性能。蛋鸡育成期光照应遵循的原则是光照时间要短，可以恒定或渐减，绝不能延长，光照时间最好控制在每天8～10小时，光照强度不能增加，以5勒克斯（能看见采食）为宜。具体光照制度必须根据鸡舍类型和育雏季节来制定。

密闭式鸡舍光照制度：密闭式鸡舍光照不受自然季节变化的影响，光照时间、强度完全靠人工控制，其光照制度有恒定制和渐减制两种。恒定制：在育成期7～8周龄把育雏期末12小时的光照时间减到8～10小时，以后每天的光照时间控制在8～10小时；或在育成前期（7～12周龄）把每天光照时间控制为10小时，育成后期（13～18周龄）控制为8小时。渐减制：6周龄每天光照12小时，以后每周减30分钟，到14周龄每天光照减至8小时，每天光照8小时持续到18周龄。

开放式鸡舍光照制度：若是4月15日至9月1日孵出的雏鸡，因生长后期基本处在光照时间逐渐缩短的时期，可全部使用自然光照。其他时间孵出的雏鸡，可以采用自然光照加人工补光，其光照制度有恒定制和渐减制两种。恒定制：方法是先查出该群鸡6～18周龄间最长的日照长度，以该时间长度作为固定光照时间，对6～18周龄中自然光照不足部分进行人工补光。渐减制：方法是先查出该群鸡到达18周龄时的日照时间，再加4个小时，作为该批鸡第7周龄的光照时间，以后每周减少20分钟，18周龄正好减至自然日照时间。

（2）温度、湿度和通风 育成期雏鸡对温度的变化适应力较强，一般不设专门的供暖设备，而是借助通风调节温度，但对刚脱温的育成鸡，应注意天气的剧烈变化，遇到寒流时应采取一些保温措施。育成舍最适宜温度为15～28℃，此温度范围有利于提高饲料转化率，有利于鸡的健康和生长发育。需要注意的是，冬季育成舍的温度不能低于10℃，夏季不要超过30℃。温度控制要相对恒定，不能忽高忽低。

育成舍内相对湿度可达40%～70%，育成期很少出现舍内湿度偏低的问题，常见的问题是湿度偏高。因此，应通过合理通风、及时清除粪便、减少饮水系统漏水等措施来降低湿度。

通风的目的是促进舍内外空气交换，保持舍内空气新鲜。无论采用什么方式通风，每天都要定时开启通风系统进行换气，要求通风量为每只鸡每小时6～8米^3。以人员进入鸡舍后没有明显的刺鼻、刺眼等不适感为宜。

（3）密度 随着鸡日龄的增大，体重不断增加，体积明显增大，要求的活动空间也应不断加大。因此，在饲养过程中，要不断调整饲养密度。地面平养时的合理饲养密度为（舍内）：7～12周龄10只/米^2；13～20周龄6～8只/米^2；网上平养时14只/米^2；立体笼养时24只/米^2。

3. 性成熟控制

任何一个品种的蛋鸡都有它自己固定的性成熟期，适时开产可使鸡群的产蛋高峰值高且持续时间长，总产蛋量、蛋重增加，产蛋期成活率提高。开产过早，产蛋高峰值低，持久性差，总产蛋量低，蛋重小，产蛋鸡易脱肛，死亡率高；开产过晚，产蛋期短，总产蛋量也低。因此，我们必须尽力控制鸡群适时开产。在所有的饲养管理条件中，光照和饲料对鸡性成熟的影响作用最大，控制性成熟实际就是控制光照和增重。

（1）光照控制　育成期尤其育成后期的光照时间和强度是影响母鸡性器官发育、性成熟的关键因素。因此，在育成期特别是育成后期，光照的控制非常重要，给予合理的光照是控制母鸡适时开产的最有效措施之一。要严格遵守本章前面已讲过的光照制度。

（2）限制饲喂　育成期体重增长快，往往容易导致早产、产小蛋和产蛋期死亡率升高，同时也浪费饲料。因此，蛋鸡育成期另一项关键的饲养管理工作就是控制增重，限制饲喂是控制增重的有效措施。限制饲喂的方法有限时法、限量法和限质法三种。商品蛋鸡除大体形鸡外，近年国内饲养的中小型蛋鸡一般育成期体重不会超标，不用限制饲喂。据笔者经验，轻型蛋鸡育成鸡开产前的体重应比标准高15%～20%，以备开产初期、产蛋高峰期体重的自然回落。

4. 育成鸡的日常饲养管理

（1）饲喂管理　保证饮水器或水槽不断水，水质新鲜，符合畜禽饮用水水质标准。为防止饲料浪费，随着日龄的增长，应及时调整料槽、水槽的高度（注意：乳头饮水器应稍高于鸡头）。每天检查饮水设备，发现有渗漏及时维修。

为了确保育成鸡的生长发育，可根据鸡的发育情况、饲喂量和饲养方式来确定每天的饲喂次数。育成期笼养鸡每天饲喂2～3次，平养鸡使用料桶饲喂的每天饲喂一次。体重和体格发育不达标时可增加饲喂量和饲喂次数，体重严重超标时可减少饲喂量和饲喂次数。育成期每天的饲喂量可根据不同品种提供的体重标准和饲喂量标准作为依据进行安排。罗曼褐商品代蛋鸡育成期体重与饲喂量标准见表5-8。

表5-8　罗曼褐商品代蛋鸡育成期体重与饲喂量标准

周龄	体重/克	饲喂量/[克/（只·日）]
7	536～580（558）	43
8	632～685（658）	47
9	728～789（759）	51
10	819～888（853）	55
11	898～973（936）	59
12	969～1050（1010）	62
13	1030～1116（1073）	65
14	1086～1176（1131）	68
15	1136～1231（1184）	71
16	1182～1280（1231）	74
17	1230～1332（1281）	77
18	1280～1387（1334）	80

（2）称重　育成期每两周称重一次，按1%～5%随机抽样，逐只空腹称重，每次不得少于50只，将每只鸡的体重与标准体重比较，如果相差太大，应及时查找原因，采取措施。当鸡群中有80%的鸡体重在平均体重±10%范围内时表明鸡群发育比较均匀；当大部分鸡高于这一范围，说明营养过剩，应限制饲养；相反，当大部分鸡低于这一范围时，应及时查找原因。如果是饲养管理有问题，应尽快改善；如果是饲料营养水平有问题，要尽快调整配方。

（3）强弱分群　为保持鸡群健壮整齐，应根据体重进行分群，并把较小、较弱的鸡挑出来单独集中饲养，给以优厚条件，使它们尽快赶上全群的生长水平。

（4）卫生消毒　每天按时清粪，保持鸡舍内和周围环境的清洁卫生，每天洗刷、消毒水槽，定期洗刷消毒饲槽及其他饲喂用具。鸡舍和周围环境每周消毒一次，每周带鸡消毒1～2次，有疫情时增加消毒次数。饲养员每次进入鸡舍时都要消毒更衣。

日常消毒视频概述：

　　成年鸡舍可以带鸡进行日常消毒作业。消毒液选择碘制剂类、戊二醛类、氯制剂类等，鸡场应准备两种以上含不同成分的消毒液，按照使用说明配制后交替使用。鸡舍地面及墙面直接喷雾消毒。带鸡消毒时，喷头置于鸡笼上方，喷嘴朝上，操作员缓慢地边走边喷，使消毒液自然地落到鸡笼上。

扫一扫
观看"日常消毒"视频

　　（5）断喙　在10周龄左右进行一次修整断喙，主要断去前两次断喙后的再生部分。待断喙器的刀片烧至红褐色，将食指放在上下喙之间，分别断上下喙，注意事项与第一次断喙相同。在开产前，注意观察鸡的喙部，发现漏断或喙较长的，还要进行补断。

　　5. 选择与淘汰

　　要获得优质高产的产蛋母鸡，关键是要培育好后备母鸡。对后备母鸡的要求是：个体间要均匀、体重达到标准要求、体质结实、骨骼发育良好。在12周龄时，淘汰鸡群中跛脚、瘦小及有病的鸡。在17～18周龄再进行一次选择，淘汰不合标准的。这样可以充分利用鸡舍设备，减少浪费。

第三节
产蛋期的饲养管理

　　随着蛋鸡养殖业的不断发展，规模化蛋鸡生产都采取笼养方式，实行全进全出的饲养管理制度。产蛋期饲养管理要点是满足蛋鸡的营养需要，创造良好的饲养环境，避免应激，提高蛋鸡的产蛋率、饲料转化率、存活率、总产蛋量，尽量延长产蛋高峰期和减慢高峰过后产蛋率下降速度，降低死淘率和蛋的破损率，获得更多的商品鸡蛋。

一、产蛋舍准备

老鸡淘汰完应立即清理鸡舍内的粪便，仔细清洁鸡笼上、料槽内、水箱里的残余饲料及污物（图5-24），然后用高压水枪冲洗（图5-25），水干后再用有效消毒剂进行喷洒，晾晒好后静置1～2个月，在新鸡转舍的前一个月，调试好所有设备，用火焰喷烧屋顶、墙壁、地面、鸡笼等设备2次（图5-26），再用15克/米³高锰酸钾、30毫升/米³福尔马林（甲醛）密闭熏蒸，24小时后打开门窗和排风扇排尽甲醛气味，空置等待进鸡。

图5-24　仔细清理鸡笼

图5-25　高压水枪冲洗

图5-26　火焰喷烧

二、产蛋规律与生产指标

不同品种鸡的开产日龄、产蛋高峰、蛋重等生产指标虽有不同，但蛋鸡开产后产蛋率和蛋重的变化都有相似的规律。从开产至

鸡舍冲洗视频概述：

鸡舍空舍后，应先将料槽中的剩余饲料及粪沟中的鸡粪清走，然后使用高压水枪将鸡舍内面及笼具冲洗干净，并清理污水。鸡舍冲洗后可清理95%以上的污物，然后进行熏蒸消毒。

扫一扫
观看"鸡舍冲洗"视频

鸡舍熏蒸视频概述：

鸡舍冲洗干净后应进行彻底消毒。首先应关闭门窗，并密封通风孔、门窗缝隙等。

鸡舍熏蒸使用高锰酸钾和甲醛溶液，每立方米空间使用高锰酸钾7克、甲醛14毫升。在耐腐蚀敞口容器中先放入高锰酸钾，再将甲醛溶液（36%）倒入（注意：操作顺序不能颠倒，否则会引起爆炸）。此时烟雾升起，人员迅速撤离，关闭出口。

熏蒸时间应保持24小时以上，之后打开门窗及通风孔通风。

扫一扫
观看"鸡舍熏蒸1"视频

扫一扫
观看"鸡舍熏蒸2"视频

扫一扫
观看"鸡舍熏蒸3"视频

达到产蛋高峰，基本需要2个月，相对稳定3～5个月后缓慢下降。蛋重是随着日龄的增大，蛋重也在增加。饲养管理中应注意观察和利用这些规律，采取相应措施提高总产蛋量。

每个蛋鸡品种的生产指标有所差异，表5-9中列举的是罗曼褐商品蛋鸡的产蛋性能指标，仅供参考。

表5-9　罗曼褐商品蛋鸡的产蛋性能指标

周龄	存栏鸡产蛋率/%	入舍母鸡累计产蛋数/枚	平均蛋重/克	累计总蛋重/千克
19	10.0	0.7	44.3	0.03
20	26.0	2.5	46.8	0.12
21	44.0	5.6	49.3	0.27
22	59.1	9.7	51.7	0.48
23	72.1	14.8	53.9	0.75
24	85.2	20.7	55.7	1.08
25	90.3	27.0	57.0	1.44
26	91.8	33.4	58.0	1.82
27	92.4	39.9	58.8	2.19
28	92.9	46.3	59.5	2.58
29	93.5	52.9	60.1	2.97
30	93.5	59.4	60.5	3.36
31	93.5	65.8	60.8	3.76
32	93.4	72.3	61.1	4.15
33	93.3	78.8	61.4	4.55
34	93.2	85.3	61.7	4.95
35	93.1	91.7	62.0	5.35
36	93.0	98.2	62.3	5.75
37	92.8	104.6	62.3	6.15
38	92.6	111.0	62.6	6.55
39	92.4	117.3	62.8	6.95
40	92.2	123.7	63.0	7.35
41	92.0	130.0	63.2	7.55

周龄	存栏鸡产蛋率/%	入舍母鸡累计产蛋数/枚	平均蛋重/克	累计总蛋重/千克
42	91.6	136.3	63.4	8.15
43	91.3	142.6	63.6	8.55
44	90.9	148.8	63.8	8.95
45	90.5	155.0	64.0	9.35
46	90.1	161.2	64.2	9.74
47	89.6	167.3	64.4	10.14
48	89.0	173.4	64.6	10.53
49	88.5	179.4	64.8	10.92
50	88.0	185.4	64.9	11.31
51	87.6	191.4	65.0	11.70
52	87.0	197.3	65.1	12.08
53	86.4	203.3	65.2	12.46
54	85.8	209.0	65.3	12.84
55	85.2	214.7	65.4	13.22
56	84.6	220.4	65.5	13.59
57	84.0	226.1	65.6	13.97
58	83.4	231.7	65.7	14.33
59	82.8	237.3	65.8	14.70
60	82.2	242.8	65.9	15.06
61	81.5	248.3	66.0	15.42
62	80.8	253.7	66.1	15.78
63	80.1	259.0	66.2	16.14
64	79.4	264.3	66.3	16.49
65	78.7	269.5	66.4	16.83
66	77.9	274.4	66.5	17.18

第五章 蛋鸡标准化饲养管理技术

周龄	存栏鸡产蛋率/%	入舍母鸡累计产蛋数/枚	平均蛋重/克	累计总蛋重/千克
67	77.2	279.8	66.6	17.52
68	76.5	284.9	66.7	17.86
69	75.7	289.9	66.8	18.19
70	74.8	294.9	66.9	18.52

三、环境控制

进入产蛋期的蛋鸡对环境的要求较为严格，有时环境条件的稍微改变，都会引起产蛋量的下降，造成难以弥补的损失。对产蛋影响较大的环境条件主要有光照、温度、湿度、通风、噪声等。

1. 光照

光照对处于产蛋期的蛋鸡非常重要。如果光照时间太短，光照强度太弱，鸡得不到足够的光照刺激，产蛋量低，甚至会出现停产换羽现象；相反，如果光照时间过长，超过17小时/天，光照强度太大，鸡受到强烈的光照刺激，产蛋增加太快，产蛋高峰提前，同时因体内营养消耗太快而使高峰期维持时间短，另外，还会导致脱肛、啄癖发生和死亡率升高。因此，产蛋期的光照控制原则是：光照时间能增不能减，但最长每天不能超过16小时，光照强度不能减弱。从19～20周龄开始延长光照，到达产蛋高峰期（30周龄）使每天光照时间增加到14～15小时，光照强度为10勒克斯（每平方米2.5～3.5瓦，灯高2米），然后保持恒定，当产蛋率由高峰开始下降时，再逐渐延长光照，使每天的光照时间达到16小时，然后再恒定，直至淘汰。开放式鸡舍白天采用自然光，夜间人工补充光照，补充光照的方法有：晚上单独补、早上单独补、早晚分别补等多种形式，根据当地的电力供应情况选择补充光照的方法。密闭式鸡舍按照光照的要求，完全采用人工光照。控制光照时应注意：延长光照时间应逐渐增加；每天开关灯的时间要固定，不可轻易改动；关灯时应渐亮或渐暗，若突然亮或黑，易引起惊群；灯泡不宜太大，最好用25～40瓦灯泡，灯安装在走道上方，并加装灯伞，间隔3～3.3米，距离地面1.7～1.9米，灯泡要保持干净，坏灯泡应及时更换。

2. 温度

蛋鸡舍不需安装加温设备，但必须安装降温设备。冬季以饮水不结冰为原则，夏季舍内温度不能超过30℃，最好控制在28℃以下。温度对蛋鸡的产蛋及蛋重、蛋壳质量和饲料转化率都有明显影响，对于成年产蛋鸡，产蛋适宜温度为13～25℃，13～16℃产蛋率最高，15.5～22℃饲料利用率最高。因此，产蛋率和饲料报酬最高的温度为15.5～16℃。温度低于15℃饲料转化率下降，低于10℃不仅影响饲料转化率，还影响产蛋率；高于25℃蛋重减小，超过30℃则出现热应激，严重影响产蛋性能，甚至出现中暑现象。

3. 湿度

一般产蛋鸡舍的相对湿度保持在60%左右较为合适。鸡舍湿度过小的情况在笼养鸡舍并不多见，主要防止高湿。一年四季都应注意勤出粪，降低鸡粪的含水率，防止漏水；高温高湿季节要加大通风量。

4. 通风

通风不仅可以排除有害气体和减少空气中的尘埃，同时对温度、湿度起到调节作用。因此，通风必须根据鸡舍内温度、湿度、有害气体浓度和舍外温度等因素综合考虑。通风的方法：密闭式鸡舍排风扇一般夏季全开，春秋季开一半，冬季开1/4，注意交替使用；开放式鸡舍冬季要处理好通风与保温的矛盾，通风口以高于鸡背1.0～1.5米以上为宜，在中午时，自上而下逐渐打开阳面窗户进行通风，根据舍内温度的高低来确定开窗面积的大小；一般要求鸡舍氨气的浓度不超过20毫克/千克，硫化氢不超过10毫克/千克，二氧化碳不超过0.15%。注意：排风扇与同侧窗户不能同时打开，以免影响通风效果。

5. 噪声

鸡生活的环境或鸡场周围噪声强度过大，会引起鸡啄癖、惊恐、炸群，严重时引起产蛋量下降、拉绿色粪便甚至死亡。要求鸡生活的环境噪声以不超过85分贝为宜。

四、产蛋期的饲养管理方式

1. 产蛋期各阶段的管理要点

为了便于管理，根据产蛋的变化规律和产蛋率的高低，蛋鸡的产蛋期分为产蛋前期（自开产至40周龄）、产蛋中期（40～60周龄）和产蛋后期（60周龄以后）三个阶段。

（1）产蛋前期的饲养管理　产蛋前期几周母鸡的产蛋率快速上升，其余时间都处于产蛋高峰期，而且母鸡体重应该增长，至40周龄才达到成年体重，但在实际生产中，往往会出现高峰前期的体重下降，从而影响产蛋高峰的稳定，所以建议开产前体重超标15%～20%。因此，这一阶段的饲养管理要点是：①转群后（转群具体做法参照本章第二节），做好饲养管理的过渡，主要包括光照、饲料和环境等过渡；②为了满足产蛋和增重的双重需要，维持较长的产蛋高峰期，需要提供高营养水平（钙的水平到3.5%）、高质量的饲料，让鸡自由采食；③该阶段应尽量减少或避免应激，使鸡少得病或不得病，不进行免疫、驱虫、转群等活动，饲料保持相对稳定，饲养管理定时、定点、定人。在产蛋高峰期受到较强的应激（如疾病、换料、抓鸡、噪声、突然改变环境条件等），产蛋率很快下降，这种下降往往是难以恢复的，从而使产蛋期缩短，总产蛋量大幅减少。

（2）产蛋中期的饲养管理　40周龄以后，蛋鸡进入产蛋中期。这一阶段母鸡体重几乎不再增加，产蛋率缓慢下降，因此，这一时期的饲养管理要点是：①在满足营养需要的前提下，供给蛋白质含量较低的饲料，以减少饲料浪费，稍微提高钙的水平到3.75%，以保证蛋壳质量；②继续提供适宜的环境条件，使鸡少患病或不患病，减少或避免应激，尽量减缓产蛋率下降速度，不进行驱虫、转群等活动，免疫时动作要轻，饲料保持相对稳定，饲养管理定时、定点、定人；③由于产蛋率开始下降，对营养的需求量有所下降，为了保证鸡有一个较好的产蛋体况，避免因过肥而减产，对某些品种或品系，尤其是褐壳蛋系应进行适当限饲。一般采用限量法，即在原来饲料的基础上，限制给料量，一般限料量为自由采食量的90%。

（3）产蛋后期的饲养管理　60周龄以后，蛋鸡进入产蛋后期。这个阶段蛋鸡的产蛋率急剧下降，蛋壳质量明显降低，蛋的破损率增加，但蛋重较大。因此，该阶段的主要饲养管理要点是：①继续提供适宜的环境条件，保持环境的稳定，使产蛋率尽量缓慢或平稳下降，提高钙的水平到4.0%，保证蛋的品质；②在淘汰的前2周增加光照到每天17～18小时，使其作最后的冲刺。当鸡没有饲养价值时，可选择时机予以淘汰；为了增加淘汰体重，淘汰前两周可适当提高饲料的能量水平。若要饲养两个产蛋期，可进行人工强制换羽。

2. 产蛋期的日常饲养管理

（1）饲喂　每天喂料（图5-27）3次，产蛋旺季喂4次，每次给料不能超过料槽深度的1/3，应定时匀料（图5-28）（如采取链式喂料机喂料，应定时开动），以增强鸡的食欲。根据产蛋率和采食量，及时调整日粮营养水平。

图5-27　人工喂料　　　　　图5-28　人工匀料

饮水不能中断，要保持水质新鲜。现代规模化蛋鸡养殖，均采用机械给料，自动供水。一般情况下产蛋鸡的饮水量是采食量的2～3倍。饮水供应不足会影响鸡的采食量，饮水量过大会引起粪便过稀、鸡舍湿度加大。要求在有光照的时间内，供水系统内必须有足够的饮水，若需控制饮水，停水时间不能超过2小时。产蛋鸡的日耗水量见表5-10。

表5-10　产蛋鸡的日耗水量

蛋鸡舍内温度/℃	耗水量/［毫升/（只·日）］
15～21	225～245
21～27	245～345
27～33	345～600

（2）捡蛋　现代规模化蛋鸡养殖，多为机械化自动集蛋。人工捡蛋（图5-29）每天应捡蛋3～4次，用塑料或纸蛋托装蛋。集蛋同时注意观察蛋的颜色、大小、形状和蛋壳质量。发现畸形蛋、软壳蛋增多，应及时查找原因。

图5-29　人工捡蛋

（3）卫生消毒　每天按时清粪，保持鸡舍内和周围环境的清洁卫生，每天洗刷、消毒水槽、料槽及其他饲喂用具。鸡舍和周围环境每周消毒一次（图5-30），带鸡消毒1～2次（图5-31），有疫情时增加消毒次数。饲养员每次进出鸡舍时都要消毒。

（4）保持良好稳定的环境　蛋鸡对环境的变化非常敏感，尤其是轻型蛋鸡。环境条件及饲养管理的稍微改变，都可能对鸡产生明显的影响，主要表现采食量降低，产蛋量突然下降，软壳蛋的比率增加，严重应激时，鸡的精神高度紧张，在笼内吊死、乱撞导致内部脏器损伤或死亡。一时的应激所引起的不良反应往往数日后才能恢复正常，甚至有的很难恢复正常，难以达到正常的产蛋高峰。

图5-30　用火碱对鸡舍周围消毒　　　　　图5-31　带鸡消毒

因此，为了减少应激，应制订科学的管理程序，各项饲养管理操作都要定时、定点、定人，避免噪声，尽量谢绝参观，饲料变更要有一个过渡期，防止突然变化，一般换料最少3天。

（5）观察鸡群　观察鸡群是一项细致的工作，饲养员每天早晨开灯后，观察鸡群的精神状态和粪便是否正常，若发现病鸡和异常鸡应及时隔离检查；喂料时观察鸡的精神状态、采食和饮水情况，检查水槽是否漏水，乳头式饮水器是否出水；中午应仔细观察有无啄癖的鸡；夜间听听鸡舍内有无呼吸道发出的异常声音。若发现病鸡立即拿出，送兽医室检查化验。随时察看温度、湿度是否适宜，空气是否新鲜。

（6）做好记录　准确而完整的生产记录可反映鸡群的生产动态和日常饲养管理水平，它是考核经营管理效果的重要依据。应当记录的最主要的包括产蛋量、产蛋率、蛋重、耗料、体重、鸡只死亡淘汰数、舍温、免疫等。将记录结果与标准进行比较，遇到不正常时，及时查明原因，采取措施，改善饲养管理条件。

3. 产蛋鸡的四季管理要点

我国大部分地区四季分明，而蛋鸡产蛋需要一个相对稳定的环境，为了达到这一目的，尤其是开放式鸡舍，在不同季节，应采取不同的管理措施。

（1）春季　春季气温开始回升，日照时间逐渐延长，是产蛋较为适宜的时期，但各种微生物也开始大量繁殖，因此，要注意日粮的营养水平，满足产蛋的需要。增加捡蛋的次数，减少破蛋。对鸡舍内外进行彻底消毒，以减少微生物的繁殖；搞好疫病预防工作，减少疾病的发生。逐渐增加通风量，由于春季温度变化较大，在通风换气同时还要注意保温。搞好鸡舍周围的绿化工作。此外，春季不产蛋的鸡大多是病鸡，应及时淘汰。

（2）夏季　夏季气候炎热。鸡的体温比其他哺乳动物高（即41～42℃），又身覆羽毛，且无汗腺，对高温的适应能力较差。当温度过高时，鸡的采食量降低，饮水量增大，通过加大呼吸量蒸发散热，加之因呼吸消耗过多的营养，使产蛋量下降，蛋的品质降低，软壳蛋增加。当严重高温时（即40℃以上），因体热不能及时散出而使鸡的体温升高，如不及时降温，就会引起死亡（若伴随高湿危险性就更大）。因此，夏季主要任务是防暑降温。主要采取以下措施：加大通风量，有条件的鸡场还可减小密度；当舍温达到30℃以上时，可在进风口搭水帘、屋顶浇水或直接向鸡体喷水，尽量将舍温控制在30℃以下；保证充足的清凉饮水，适当添加维生素C、蛋氨酸、碳酸氢钠等，提高鸡群的抗热应激能力；刷白鸡舍四周墙壁，增设顶棚，注意在鸡舍周围绿化，以减少太阳辐射；调整日粮浓度，适当增加日粮的蛋白质和钙的含量，提高蛋白质品质；最好在早晨较凉爽时补充光照，同时喂料，以增加鸡的采食量。

（3）秋季　秋季天气渐凉，日照渐短，但早秋较闷热，雨水较多，鸡易患呼吸道病（如传染性支气管炎、支原体病等）和鸡痘。因此，早秋时，白天加大通风量，以解除闷热和排出多余的湿气；注意收看天气预报，在饲料或饮水中添加抗热应激的添加剂以缓解高温高湿对鸡的影响；尽量减少或避免应激因素，防止产蛋量的急剧下降；防止蚊、蝇叮咬，减少疾病发生的机会。晚秋时昼夜温差大，注意调节通风量；根据要求人工补充光照。对于上一年春天育雏的蛋鸡，若要饲养两个产蛋期，此时正是脱毛换羽的时期，可进行人工强制换羽。

（4）冬季　冬季气温低，光照时间短。因此，冬季管理重点是：防寒保温，舍温保持在5～8℃及以上；补充光照，使光照时间达到要求。具体做法是：关紧门窗，窗外加一层塑料布，门口设棉门帘，以防贼风；在保证空气比较新鲜的前提下，减小通风量；适当增加日粮能量水平；自然光照不足的部分用人工光照补足。蛋鸡的耐寒能力较耐热能力强，在我国绝大部分地区冬季只要适当增加密度，减少通风量，蛋鸡便能通过自身调节维持正常体温和产蛋量。

❤❤❤ 第四节 ❤❤❤
父母代种鸡的饲养管理

父母代种鸡的饲养管理要点是满足种鸡不同生长阶段的营养需要，创造适宜的饲养环境，充分发挥种鸡的生产性能，提高种蛋利用率，提供高质量的商品雏鸡。父母代种鸡在育雏期、育成期及产蛋期的环境控制与商品蛋鸡基本相同。

一、种鸡的营养需求

同一品种种鸡的营养需求往往高于商品蛋鸡，为满足种鸡生长和产蛋的需求，种鸡饲料的配制必须严格按照营养标准执行。表5-11是海兰蛋鸡父母代生长期营养需要建议量。表5-12是农大3号父母代鸡生长期的体重和采食量参考标准。表5-13是海兰父母代母鸡产蛋期每日最低营养需要量。

表5-11　海兰蛋鸡父母代生长期营养需要建议量

营养指标	0～6周龄	6～8周龄	8～15周龄	15～18周龄	19周龄至产蛋50%
海兰W-36期末体重/克	400	570	1070	1230	—
海兰W-98期末体重/克	430	590	1090	1240	—
海兰褐蛋鸡期末体重/克	480	680	1310	1510	—
蛋白质/%	20	18	16	15.5	17.5
代谢能/(兆焦/千克)	12～12.7	12～12.9	12～13.1	12～12.9	12～12.4

营养指标	0~6周龄	6~8周龄	8~15周龄	15~18周龄	19周龄至产蛋50%
精氨酸/%	1.20	1.10	0.95	0.90	1.15
赖氨酸/%	1.10	0.90	0.75	0.70	0.92
蛋氨酸/%	0.46	0.44	0.40	0.36	0.51
蛋氨酸＋胱氨酸/%	0.82	0.73	0.66	0.60	0.82
色氨酸/%	0.22	0.20	0.16	0.15	0.17
苏氨酸/%	0.75	0.70	0.60	0.55	0.68
钙/%	1.00	1.00	1.00	2.75	3.75
总磷/%	0.75±	0.72±	0.70±	0.60±	0.65±
有效磷/%	0.45	0.45	0.40	0.40	0.46
钠/%	0.18	0.18	0.17	0.16	0.20
氯/%	0.16	0.16	0.15	0.16	0.20
钾/%	0.50	0.50	0.50	0.50	0.60

表5-12　农大3号父母代鸡生长期的体重和采食量参考标准

周龄	粉壳蛋母鸡		褐壳蛋母鸡		公鸡	
	日采食量/克	体重/克	日采食量/克	体重/克	日采食量/克	体重/克
1	16	60	16	65	16	70
2	18	110	24	130	25	145
3	24	170	29	200	30	235
4	28	240	36	290	36	335
5	34	330	41	390	41	435
6	38	420	46	500	45	535
7	44	500	52	600	50	630
8	50	580	58	700	56	725
9	54	660	64	800	61	820

高效养鸡全彩图解＋视频示范

周龄	粉壳蛋母鸡		褐壳蛋母鸡		公鸡	
	日采食量/克	体重/克	日采食量/克	体重/克	日采食量/克	体重/克
10	56	750	68	900	66	915
11	58	860	70	1000	70	1020
12	59	950	74	1100	74	1120
13	60	1040	79	1190	77	1220
14	62	1120	81	1280	80	1320
15	64	1200	84	1370	83	1420
16	65	1280	89	1460	87	1510
17	66	1350	90	1550	90	1600
18	68	1410	95	1610	94	1680
19	72	1460	98	1670	98	1750
20	75	1500	102	1730	102	1800

表5-13　海兰父母代母鸡产蛋期每日最低营养需要量

营养指标	产蛋50%至32周龄	32~44周龄	44~55周龄	55周龄至淘汰
父母代海兰W-36				
蛋白质/（克/只）	16.0	15.75	15.5	15.25
蛋氨酸/（毫克/只）	440	420	380	364
蛋氨酸＋胱氨酸/（毫克/只）	720	890	620	600
赖氨酸/（毫克/只）	830	800	770	740
色氨酸/（毫克/只）	180	180	170	165
钙/（克/只）	3.65	3.80	4.00	4.20
总磷/（克/只）	0.67±	0.65±	0.55±	0.48±
有效磷/（克/只）	0.45	0.42	0.40	0.32
钠/（毫克/只）	175	175	175	175
氯/（毫克/只）	165	165	165	165

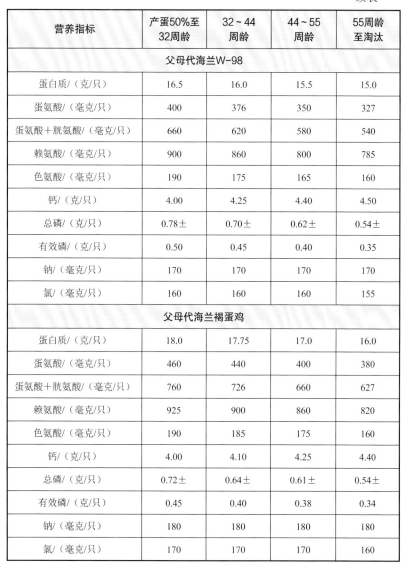

营养指标	产蛋50%至32周龄	32～44周龄	44～55周龄	55周龄至淘汰
父母代海兰W-98				
蛋白质/（克/只）	16.5	16.0	15.5	15.0
蛋氨酸/（毫克/只）	400	376	350	327
蛋氨酸+胱氨酸/（毫克/只）	660	620	580	540
赖氨酸/（毫克/只）	900	860	800	785
色氨酸/（毫克/只）	190	175	165	160
钙/（克/只）	4.00	4.25	4.40	4.50
总磷/（克/只）	0.78±	0.70±	0.62±	0.54±
有效磷/（克/只）	0.50	0.45	0.40	0.35
钠/（毫克/只）	170	170	170	170
氯/（毫克/只）	160	160	160	155
父母代海兰褐蛋鸡				
蛋白质/（克/只）	18.0	17.75	17.0	16.0
蛋氨酸/（毫克/只）	460	440	400	380
蛋氨酸+胱氨酸/（毫克/只）	760	726	660	627
赖氨酸/（毫克/只）	925	900	860	820
色氨酸/（毫克/只）	190	185	175	160
钙/（克/只）	4.00	4.10	4.25	4.40
总磷/（克/只）	0.72±	0.64±	0.61±	0.54±
有效磷/（克/只）	0.45	0.40	0.38	0.34
钠/（毫克/只）	180	180	180	180
氯/（毫克/只）	170	170	170	160

二、蛋重管理

蛋重大小很大程度上取决于遗传因素，但也可以通过控制开产日龄、开产体重及饲料的营养摄入量来满足市场的特殊需求。开产日龄越晚、开产体重越大，鸡以后产的蛋就越大。可以通过控制光照来控制鸡的性成熟时间，一般应在18周龄后，体重达标或超标时再进行光照刺激。这样就可以在开产后的很短时间内开始采集种蛋。蛋的大小很大程度上受摄入蛋白量的影响，特别是蛋氨酸和胱氨酸的总量、能量、总脂肪量和必需脂肪酸（如亚麻油酸等），这些营养物质水平可以加大早期的蛋重，但对后期蛋重的控制力逐渐减弱。

三、种鸡管理

1. 及时淘汰有缺陷个体及性别鉴定错误的个体

父母代种鸡父系在出雏时必须做剪冠处理，母系保留全冠。种鸡群的日常管理更为严格，及时淘汰有缺陷的个体和体重极轻的个体，及时剔除性别鉴定错误的个体，种鸡群中不得留有全冠的公鸡和剪冠的母鸡，以确保商品代雏鸡性别鉴定的准确性和今后的生产性能。

2. 公母分群饲养

父母代在引进时公母鸡的配比一般为1∶（8～10），公鸡饲养的成功与否，直接关系到整批种鸡的成败。种公鸡从育雏期开始就应分群饲养，重点管理。采用人工授精的笼养种鸡舍，种公鸡笼位与种母鸡笼位的配比为1∶（30～50）。成年种公鸡笼高63.5厘米，最好单鸡单笼，最多两只公鸡一个笼，避免打斗造成伤害。公母鸡笼中间应有隔离，以避免母鸡的光照影响公鸡，公鸡一直采用育成期的恒定光照制度，8～10小时／天。种公鸡的饲料应单独配制，不能喂给产蛋期母鸡的高钙饲料，否则会引起种公鸡尿酸盐沉积及痛风。

3. 人工授精技术

人工授精常用的器械是集精杯和滴管（图5-32），滴管最好配以比较硬的橡胶头，以便准确把握输精量。现在也有人使用禽用输精枪（图5-33）。

图5-32 集精杯和滴管

图5-33 禽用输精枪

种公鸡在输精前2周就要进行采精训练,采精人员要固定,采精、输精的时间应在每天15:30以后及大部分母鸡产蛋结束时进行。公鸡采精前停水停料3～4小时,以减少粪尿对精液的污染。种公鸡一般1天采精1次,采精3天休息1天,母鸡间隔4天输精1次,首次输精应连输2天,第3天下午开始收集种蛋。为确保最高的受精率,从采集第一只公鸡的精液到输完最后一只母鸡,最好掌

采精视频概述：

鸡的采精主要采取背腹部按摩采精法。

两人操作,一人保定公鸡,另一人按摩与收集精液。保定员双手各握住公鸡一条腿,让两腿自然分开,拇指扣其翅,使公鸡头部向后,使其呈自然交配姿势。

扫一扫
观看"采精"视频

操作者右手的中指与无名指夹着采精杯,杯口朝外。左手掌向下,贴于公鸡背部,从翼根轻轻推至尾羽区,按摩数次,引起公鸡性反射后,左手迅速将尾羽拨向背部,拇指与食指分开,捏住泄殖腔上缘两侧,与此同时,右手呈虎口状紧贴于泄殖腔下缘腹部两侧,轻轻抖动触摸,当公鸡露出生殖器时,左手拇指与食指适当挤压生殖器,精液流出,右手用采精杯承接精液即可。

握在20分钟内，不要超过30分钟。每只母鸡每次输精0.025毫升左右。如果精液不够用，可用生理盐水、5%葡萄糖液或消毒脱脂牛奶等对精液直接进行稀释，进行精液稀释时，稀释液温度与精液温度要相等（38℃左右），稀释后的精液每只母鸡每次输精量不变。

人工授精（输精）视频概述：

　　母鸡在性成熟后可以进行人工授精。输精前应进行白痢检测，凡阳性者一律淘汰，同时选择泄殖腔无炎症、中等体况的母鸡。输精时，输精员助手的左手握住母鸡的双腿，稍稍提起，将母鸡胸部靠在笼门口处，右手在母鸡耻骨下腹部柔软处施以一定压力，待泄殖腔内的输卵管口翻出，输精员即可将输精器向输卵管口正中轻轻插入后输精。

扫一扫
观看"输精"视频

四、种蛋管理

　　雏鸡的体重与入孵种蛋的大小直接相关，一般要求新开产鸡的蛋重达到50克以上才能入孵。现在的养殖规模越来越大，一个父母代场不可能只养一批种鸡，为使商品鸡能均匀生长，不同批次父母代种鸡的种蛋应分别保存，分批孵化。种蛋一天应收集2次以上，夏天种蛋库的温度为18.3℃、相对湿度为70%～80%，每次入库的种蛋必须消毒。种蛋保存3～7天孵化效果最为理想，如果种蛋必须保存10天以上，种蛋库的温度应降至13℃。

五、孵化与雌雄鉴别

　　种蛋库温度较孵化室低，入孵前6小时，应将种蛋转到孵化室预热，推入孵化器前后再次进行消毒处理。鸡的孵化时间为21天，种蛋保存时间越长，需要的孵化时间越长，保存10天以上，每多保存1天孵化时间增加1小时。

我国当前饲养的蛋鸡品种多为雌雄自别。白羽鸡为羽速自别：商品代母雏为快羽（主翼羽明显比副翼羽长），公雏为慢羽（主翼羽和副翼羽一样长，或副翼羽比主翼羽长）。以羽色自别的鸡商品代公雏一般为纯白色，头部和颈部有红色，个别头部有红点，母雏一般为浅褐色、褐色等，个别母雏头部为白色，也有的母雏躯体颜色较浅而在嘴及眼眶周围有红色。以上两种鉴别方法的误差率为$1\% \sim 2\%$。

第五节
常用基本免疫方法

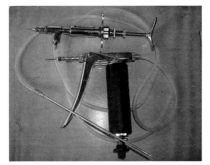

图5-34　连续注射器

蛋用型鸡的饲养周期较长，所需疫苗的种类及免疫次数多，可根据种鸡场提供的免疫程序，结合本场实际情况，选择适合的疫苗和相应的免疫方法。常用基本免疫器械有连续注射器（图5-34）、刺痘针（图5-35）、点滴瓶（图5-36）和喷壶等。

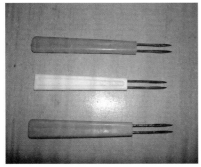

图5-35　刺痘针

图5-36　点滴瓶

常用基本免疫方法有点眼（图5-37）、滴嘴（图5-38）、滴鼻（图5-39）、饮水（图5-40）、喷雾（图5-41）、皮下注射（图5-42、图5-43）、肌内注射（图5-44、图5-45）及刺痘（图5-46）。根据饲养方式、疫苗种类等不同，选择相应的免疫方法。法氏囊疫苗的最佳免疫方法是滴嘴；饮水免疫根据季节、舍内温度一般控水2小时以上（70%～80%的鸡要求饮水）；皮下注射在颈部或两翅之间；肌内注射在胸部或大腿外侧，一次注射油苗的量在5毫升以上时，最好在胸部两侧皮下分两点注射；刺痘在翅膀翻展后缺毛的三角区。

图5-37　点眼免疫

图5-38　滴嘴免疫

图5-39　滴鼻免疫

图5-40　饮水免疫

图5-41　喷雾免疫

图5-42　颈部皮下注射免疫

图5-43　双翅间皮下注射免疫

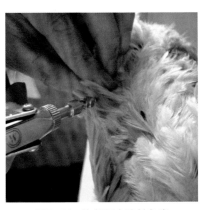

图5-44　胸部肌内注射免疫

图5-45　大腿外侧肌内注射免疫

图5-46　刺痘免疫

滴嘴、点眼免疫视频概述：

扫一扫
观看"滴嘴免疫1"
视频

扫一扫
观看"滴嘴免疫2"
视频

扫一扫
观看"点眼免疫1"
视频

扫一扫
观看"点眼免疫2"
视频

（1）准备疫苗滴瓶，将已充分溶解稀释的疫苗滴瓶装上滴头，将瓶倒置，滴头向下拿在手中。

（2）保定：左手握住鸡，食指和拇指固定住鸡头部，使鸡的嘴或一侧眼向上。

（3）滴疫苗：滴头与嘴或眼保持1厘米左右的距离，滴头绝对垂直，轻捏滴瓶，滴1～2滴疫苗于鸡的嘴或眼中，以确保每滴疫苗的接种剂量保持恒定。

（4）稍等片刻，待疫苗完全吸收后再将鸡轻轻放回地面。

颈部皮下注射免疫视频概述：

用左手握住鸡，在其颈背部下1/3处用大拇指和食指捏住颈中线的皮肤并向上提起，使其形成一囊，或用左手将皮肤提起呈三角形，然后使注射针头与颈部纵轴基本平行，针头朝下，针头与皮肤呈45°角刺入皮下0.5～1厘米，推动注射器活塞，缓慢注入疫苗，注射完后快速拔出针头。

扫一扫
观看"颈部皮下注射
免疫"视频

肌内注射免疫视频概述：

　　调试好连续注射器，确保剂量准确。注射器与胸骨呈平行方向，针头与胸肌呈30°～45°角，在胸部中1/3处向背部方向刺入胸部，也可刺入腿部进行肌内注射，以大腿外侧无血管处为佳。

扫一扫
观看"肌内注射免疫1"视频

扫一扫
观看"肌内注射免疫2"视频

第六章
肉鸡标准化饲养管理技术

第一节
肉鸡的饲养方案

　　肉鸡标准化养殖是指将一定数量的良种肉鸡，从1日龄至出栏，集中在布局合理并可进行环境质量控制的鸡舍，按照科学饲养管理的方法，供给营养均衡的全价日粮与保证质量充足的饮水，遵循相应的法律法规，并按照相应的程序生产出符合特定标准的肉鸡，同时做好粪污和病死淘汰鸡的无害化处理，不会增加环境污染。随着肉鸡产业的不断发展壮大，肉鸡标准化养殖水平也在不断提升，饲养管理技术也越来越高，逐渐走向饲喂的精准化、精细化。

一、肉鸡饲养阶段的划分

　　根据肉鸡不同生长阶段对营养物质需求量的不同，一般将肉鸡饲养阶段分为二阶段饲养法、三阶段饲养法、四阶段饲养法和六阶段饲养法等，实行多阶段饲养是提高肉鸡生产性能的措施之一，目前肉鸡养殖大多采用二阶段或三阶段饲养法。

1. 二阶段饲养法

二阶段饲养法是指将肉鸡饲养阶段分为0～3周龄，4周龄至出栏两个阶段，不同阶段饲喂不同配方的饲料，并采取相应的饲养管理措施。目前我国多数地区的肉鸡采用该法，该法划分与多阶段相比划分粗略，饲料营养可以满足肉鸡生长的需求，但不能体现肉鸡最佳的生产性能。

（1）0～3周龄　该阶段为肉鸡饲养的0～21日龄，肉鸡刚出壳体重约40克，易脱水，消化能力较弱，营养需求高。要全天供给洁净卫生的饮水，第1周使用温开水，前3天可以添加5%～8%的葡萄糖和多种维生素，第2～3周使用干净的深井水或自来水。饲料由开口料逐渐过渡到营养全价易消化的颗粒饲料，少喂勤添。雏鸡1～3日龄，采用24小时光照制度，雏鸡1～7日龄光照强度为10～20勒克斯，8日龄以后为5～10勒克斯。

（2）4周龄至出栏　该阶段为肉鸡饲养的22日龄至出栏，22日龄肉鸡平均体重达到800克以上，该阶段肉鸡生长速度快，消化能力和采食量大大增加，每周平均增重达500克左右。与第一阶段相比，该阶段可以适当降低饲料中的蛋白质含量，增加代谢能。光照强度与光照时间可以适当增加。

2. 三阶段饲养法

三阶段饲养法是将肉鸡的生长阶段分为0～2周龄、3～4周龄、5周龄至出栏三个阶段，该模式相比二阶段饲养模式从饲料营养的角度更加符合肉鸡生长发育需求，管理更加精细，能够充分发挥肉鸡的生长潜力。目前，大型的肉鸡养殖公司和规模化养殖场户逐渐采用此法。

（1）0～2周龄　该阶段为肉鸡0～14日龄，肉鸡体重从出壳的40克长到400克，增加10倍，肉鸡消化能力弱，需要饲喂营养全价的前期料（小鸡料），蛋白质水平要求较高，可达21%～23%，具体配方见表6-1。对水质和喂料的管理方法参照二阶段饲养法。

表6-1 二阶段和三阶段饲养法基础日粮与营养水平（仅供参考）

项目		二阶段饲养法		三阶段饲养法		
		0~3周龄	4周龄至出栏	0~2周龄	3~4周龄	5周龄至出栏
日粮组成	玉米/%	58.00	60.00	59.00	59.17	61.90
	小麦/%	5.00	5.00	0.00	0.00	0.00
	豆粕/%	28.00	26.00	28.00	25.35	21.80
	鱼粉/%	3.30	2.80	0.00	0.00	0.00
	棉籽饼/%	0.00	0.00	2.44	2.00	0.00
	玉米蛋白粉/%	0.00	0.00	3.80	3.88	5.80
	石粉/%	1.10	1.10	1.30	1.10	1.00
	磷酸氢钙/%	1.30	1.30	1.50	1.20	1.20
	植物油/%	2.00	2.50	1.50	5.00	6.00
	蛋氨酸/%	0.00	0.00	0.16	0.00	0.00
	食盐/%	0.30	0.30	0.30	0.30	0.30
	预混料/%	1.00	1.00	2.00	2.00	2.00
营养水平	代谢能/（兆焦/千克）	12.44	12.63	12.22	13.17	13.64
	粗蛋白/%	21.17	20.06	22.00	20.50	19.22
	蛋（胱）氨酸/%	0.34	0.32	0.94	0.84	0.78
	赖氨酸/%	1.20	1.12	1.38	1.29	1.18
	钙/%	1.10	1.08	0.90	0.75	0.70
	磷/%	0.74	0.71	0.63	0.55	0.50

注：1. 预混料由每千克全价料提供：维生素A 1200国际单位；维生素D_3 400国际单位；维生素E 18国际单位；维生素K 1.5毫克；维生素B_1 2.2毫克；维生素B_2 5.5毫克；维生素B_{12} 12毫克；生物素0.4毫克；叶酸1.25毫克；烟酸50毫克；泛酸12毫克；铜8毫克；铁80毫克；锌75毫克；锰100毫克；硒0.15毫克；碘0.35毫克。

2. 营养成分中粗蛋白为实测值，其他为计算值。

（2）3~4周龄　该阶段为肉鸡15~28日龄，肉鸡消化能力有所增加，体重由400克长到了1200克左右，饲料中的蛋白质含量适当降低，能量小幅增加，饲喂中期料（生长鸡料）。喂水、喂料和光照制度等管理方法同二阶段饲养法。

（3）5周龄至出栏　该阶段为肉鸡的29日龄至出栏，肉鸡的体重由1200克长到2500克左右，该阶段的肉鸡主要是育肥，饲喂后期料（育肥料），该期饲料蛋白质水平与前一段时期相比又有所降低，能量水平有所提高。

3. 其他阶段饲养法

（1）四阶段饲养法　不同的肉鸡饲养企业使用的饲养方法不同，但都是根据肉鸡的生长特点来制订并实施的。四阶段饲养法就是在三阶段饲养法的基础上，把第三阶段又分为两个阶段。由于有些饲料添加剂在肉鸡出栏前7～10天禁止使用，故这个阶段被单列为一个阶段。

（2）六阶段饲养法　就是指肉鸡从出壳开始，前5周每周作为一个饲养阶段，第六周到出栏为一个阶段。该法饲喂精确，可以在一定程度上提高肉鸡的生产性能，但频繁地更换饲料给生产带来了诸多不便，往往达不到预期的生产效果。

二、肉鸡的饲养方式

我国肉鸡的饲养方式主要分为平养和笼养两种模式，平养又分为地面平养和网上平养，不同地区的养殖户，根据当地的养殖习惯与养殖规模，选取的养殖模式不同。

1. 地面平养

地面平养是指在肉鸡的饲养周期内，肉鸡在铺设垫料的地面上饮水、吃料、排粪，垫料定期打扫并更换的饲养方式。垫料要求干燥，具有一定的柔软度，吸水性强，厚度为5～10厘米，可以是下层垫沙，沙上垫锯末或铡碎的稻草等。平养是肉鸡初始的饲养方式，这种模式对鸡舍的要求比较低，简便易行，投资比较少，整个饲养周期不需要出粪，对饲养人员的要求比较低。

随着养殖业的不断发展，养殖设施的更新换代。平养由配备料桶和普通饮水器的普通鸡舍，逐渐过渡到拥有料线、水线，并配备风机、小窗、水帘的现代化鸡舍。鸡舍类型也由开放式、半开放式（图6-1）逐步变成全封闭式（图6-2）。肉鸡生产实现了自动饮水和自动喂料，鸡舍实现了控温、控湿，饲养人员可以根据自己的经验，对鸡舍的内环境进行控制。该模式长时间内仍旧是肉鸡养殖的主要模式。

图6-1　肉鸡地面平养半开放式养殖

图6-2　肉鸡地面平养封闭式养殖

2. 网上平养

网上平养（图6-3）是指在肉鸡的饲养周期内，肉鸡在与地面有一定距离的网床上进行饮水、食料，粪便从网上跌落地面的养殖方式。鸡舍内选用木材作为网架，网床四周和底部用1厘米×1厘米网目的塑料网固定好，一般网床距离地面40厘米，网高30厘米，将饮水器和料桶置于网上。该养殖模式实现了鸡与鸡粪的分离，减少了肉鸡疫病，特别是球虫病的发生。随着肉鸡养殖设备的不断更新与发展，鸡舍环境控制的增强，该模式发展逐渐减少。

3. 立体笼养

立体笼养（图6-4）是指在肉鸡整个饲养周期，采用全自动的立体饲养设备，进行集约化密闭式饲养，鸡舍内有2～3层层叠式鸡笼，实现了自动饮水、自动喂料、

图6-3　肉鸡网上平养

自动清粪，具有自动升温和降温等智能化控制功能，单栋鸡舍饲养量由5000只提升到了4万～5万只。立体笼养对鸡舍和设备的要求较高，单栋饲养量大，资金要求高，但该模式给肉鸡提供了充足的料位、水位和适宜的内环境，

图6-4　白羽肉鸡立体笼养鸡舍

减少了土地、人工和能耗等，降低了肉鸡的发病率和死亡率，提高了肉鸡养殖的经济效益，从而逐渐成为我国肉鸡养殖发展的主要模式。

第二节
肉鸡的饲养管理技术

随着现代管理理念和科学技术的不断发展，肉鸡的饲养管理由原来的粗放式逐渐向精细化发展。随着温度控制系统、湿度控制系统、通风控制系统和自动饮水、自动喂料系统等先进设施、设备的不断更新，肉鸡单栋饲养量也不断增加，饲养管理技术也成了生产中的重中之重。

一、饲养前期准备

1. 制订养殖计划

商品代肉鸡养殖场一般每年可以饲养肉鸡5～6批，养殖场要根据每栋鸡舍的实际饲养量，制订全年的引种批次与规模，做到"同进同出"。与养殖龙头企业签约的养殖场，要做好沟通，及时地进鸡与出栏，减少鸡舍的闲置时间。未签约的养殖场，要及时掌握市场动态，适时引种与出栏。

2.鸡舍与器具的准备

肉鸡出栏后要制订清扫消毒计划，安排时间、人力及设备，及时消灭鸡舍内外的潜在病原微生物，减少不同批次之间对鸡群健康和生产性能的影响。

（1）环境清扫　一是要对鸡舍进行彻底清扫，先将鸡舍内的风机、水帘、屋顶、笼具、墙上的灰尘以及羽毛、杂物等清扫到地面；二是要对鸡舍进行自上而下的喷雾消毒，降落灰尘、润湿粪便；三是要移出可移动的设备，如饮水器、料盘、隔栏等；四是要彻底清理鸡舍内的鸡粪和废弃物，并按照相关规定进行处理。

（2）舍内冲洗　冲洗前先将电器设备包好，然后用含有发泡剂的高压水枪对鸡舍内所有的笼具、支架、顶梁、进风口、排水沟、地面和通风设备进行冲洗，再用含清洗剂的水擦洗，后用高压清水冲洗。清除饮水系统中蓄水池和水箱内的杂物，先用消毒液进行浸泡，再用清水反复冲洗，放尽饮水系统中的水，进雏前重新加水。拆卸每个乳头饮水器进行清洗，用清洗剂清洗水帘和喷雾系统。

（3）设备维修　冲洗完毕后，对鸡舍进行检修。首先对地面和墙壁进行检查，有裂缝的要勾缝和粉刷；其次检查屋顶和供暖系统，生石灰刷内外墙壁（内墙20厘米高，外墙窗户下）；再次维修舍内设备，如风机、电机、照明系统等；最后检修门窗，安装纱网，防止野鸟和飞虫进入。

（4）喷雾消毒　待鸡舍彻底晾干后，对鸡舍内外进行全面的消毒。地面用1%的火碱水泼洒，消毒液高压喷雾整个鸡舍，自上而下喷屋顶、墙壁、网架、地面。消毒剂要根据种类的不同，交叉使用，或者选择发泡型的消毒剂。有条件的进行喷灯消毒，采用汽油或者酒精喷灯对养殖设备（如鸡笼、笼架、料线等）进行火焰消毒。

（5）密闭熏蒸　将所有要使用的设备移入鸡舍，并做好育雏前的准备。密封鸡舍，包括门窗、通风孔、排水系统、粪沟、风机等处，采用福尔马林（40%的甲醛溶液）与高锰酸钾按照2：1的比例混合（15克高锰酸钾/米^3），将药在搪瓷或陶瓷器皿中混合，然后人迅速离开，密闭房舍，3天后开门窗，进行通风；在进雏鸡的前两天，要先行调试热源对鸡舍进行预热。检修养殖设施包括笼具、水线、料线，并试运行各个系统，如加热系统、通风系统、照明系统、清粪系统等。

（6）效果检查　鸡舍外无杂草，没有废旧的设备与器具，地面平整，排水良好，鸡舍门口、排风扇下等处没有卫生死角，均干净整洁（图6-5）。

鸡舍内采用含有不同培养基的细菌培养皿，X形分布，进行沙门菌和大肠杆菌的细菌检测。采用自然沉降法，打开培养皿暴露3分钟，送实验室进行培养，要求不得检出沙门菌和大肠杆菌。

图6-5　清洗后的肉鸡舍内景

3. 饲料、药物和疫苗的准备

选择信誉良好的商家，订购整个饲养周期的饲料、药品与疫苗（图6-6）。进鸡前，要准备好肉鸡一周的饲料，饲料选用营养全价的颗粒料，确保在保质期内。药品与保健品可以分为消毒药、具有杀菌效果的中药、抗球虫类和营养类药。消毒药和抗球虫药，要选择两种或者两种以上不同种类的交叉使用，比如季铵盐类、碘类等。中药可以选择抗菌谱较广的或者与营养类（葡萄糖、电解质、维生素等）合并在一起的。疫苗要提前购买，并根据本养殖场生产实际和鸡苗厂家提供的免疫程序进行合理免疫。

图6-6　肉鸡用颗粒饲料与中药

4.饲养人员的准备

要选择认真细心、吃苦耐劳、责任心强的饲养人员，具有一定养鸡知识或经验，再经过专业的培训后方可上岗。

5.肉鸡运输

第一，运鸡车和运雏箱要进行严格的消毒，要按照雏鸡周转箱允许的装鸡数装箱，不能多装。

第二，运鸡车要有保温和通风的功能，既能够在温度降低的时候保温，又能够在温度升高的时候降温。

第三，必须有专门的专业人员在运输时跟车，要经常观察鸡群的状态，注意车内的温度与通风情况，以及其他特殊情况。

最后，在运输过程中，司机要尽量走平坦的道路，保持匀速行驶，防止急停、急进使得雏鸡受到惊吓。

二、环境控制与标准

鸡舍环境控制包括鸡舍的场址选择、鸡舍的建筑设计和鸡舍内温度、湿度、光照、通风、有害气体、粉尘等方面的控制。不同类型的鸡舍，控制的自动化程度和管理的难易程度不同，管理人员一定要了解整个控制的工作原理，执行好具体细节，为肉鸡提供适宜的舍内环境。

1. 鸡舍场址的选择

不在禁养区和污染区养殖。选择地势高燥、平坦处。山地饲养选择向阳缓坡，坡度低于15°。距离交通干道、村庄、厂矿、其他养殖场等1000米以上，若不到1000米，则必须建围墙、绿化带加以隔离。水源要充足，水质要合格，配备三相电源和发电机组。

2. 场区布局

场区包括：生活管理区、辅助生产区、生产区、隔离与无害化处理区多个功能区。场区四周设立围墙，出入口设车辆消毒池，生产区入口设人员消毒通道和更衣室。生活管理区位于主导风向的上风向，设立门卫、办公、生活、生产辅助设施，与生产区间隔50米以上。辅助生产区位于生活管理区的下风向或侧风向，紧靠生产区布置，设立兽医工作室、饲料加工间及供水、供电、供暖等设施；生产区位于生活管理区和辅助生产区的下风向或者侧风向，主要设施包括鸡舍、净道、污道；隔离与无害化处理区位于生产区的下风向，隔离区设立病鸡处置室，并设立单独的通道，无害化处理区设立堆粪场、废弃物处置场所。场区内净道和污道要严格分开，不得混用（图6-7）。

图6-7　标准化鸡舍外景

3. 标准化鸡舍建筑设计

鸡舍一般东西走向，平行排列，采用砖混和轻钢结构，四周墙体及房顶、地面采用保温隔热材料，具有良好的通风换气条件。鸡舍采用密闭式人工环境控制系统，负压纵向通风，保证舍内空气新鲜，温度、湿度符合鸡的生长需要。鸡舍采用地暖供暖、水帘降温、自动饮水、自动行车式喂料系统和自动清粪系统，采用"全进全出"的饲养管理制度。

4. 鸡舍设备（以笼养标准化鸡舍为例）

（1）笼具及支撑系统　鸡笼与支架采用优质钢材制作成型，再进行热浸锌处理，坚固耐用。层叠式饲养，单栋鸡舍4列或5列，每列42组单笼，每组单笼尺寸为200厘米×160厘米×42厘米，每层有4个间隔，每个间隔饲养16只鸡，3层单笼总计饲养192只鸡（20只/米²）（图6-8）。

图6-8　鸡舍内笼具及支撑系统

（2）全自动饮水系统　每个鸡笼间隔配备乳头饮水器2个，每个饮水器8只鸡使用，饮水器位于水线上，可根据鸡只的大小进行高低调节，饮水乳头采用不锈钢材质；每条水线前端有水表、过滤器、调节器等，可以通过水表显示的数据了解鸡群饮水情况。

（3）自动行车式喂料系统　饲料泵到行车式喂料系统，每日定时将饲料投放到料槽，排料量可根据需要进行调整，每个鸡笼间隔有19个采食孔供16只鸡使用（图6-9）。

（4）自动清粪系统　输粪机每天定时启动，纵向将传送带上的鸡粪运送到鸡舍尾部，再横向运送到鸡舍外，由拉粪车运走。

（5）温度控制系统　分为锅炉（电）供热和水帘降温，自动控制系统可以根据设定的温度，实现自动控制风机和水帘的运转，以确保获得理想的温度。降温水帘选用优质木浆纸制作纸垫，配套镀锌板外框

图6-9　自动行车式喂料系统

和循环水系统，在负压风机的作用下降温效果明显。

（6）通风系统　选用轴流风机进行负压纵向通风，包括风机、通风小窗、导流板。

（7）照明系统　灯泡选用白炽灯泡或LED灯，纵向安装在过道上，高低间隔，控制系统内安装有灯光定时控制仪和光线强弱控制仪，可根据需要设定光线的强弱以及照明时间和次数。

5. 鸡舍内环境控制

（1）温度　肉鸡所需的适宜温度随着日龄的增加而不断变化，各阶段适宜温度见表6-2。肉鸡是恒温动物，通过产热和散热来维持体温，集约化饲养条件下，鸡随着生长日龄增加产热增加，散热主要通过呼吸来调节，散热能力弱。因此，鸡舍内温度是肉鸡养殖成败的关键因素之一，温度控制就是防暑降温和保温通风。鸡舍内各时期的温度管理不好，特别是骤冷骤热时会对鸡造成冷热应激，鸡舍的冬季通风与夏季降温对于提高鸡的抵抗力至关重要（图6-10）。

表6-2　商品肉鸡不同日龄所需要的适宜温度范围

日龄/天	1～3	4～7	8～14	15～21	22～28	29～35	36天后
温度/℃	33～34	31～33	28～30	26～28	24～26	22～24	21

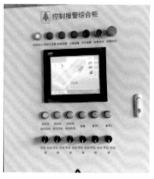

图6-10　鸡舍环境控制系统

　　持续的高温会引起鸡的热应激，降低肉鸡各阶段的采食量和饮水量，最终降低肉鸡的生产性能。夏季3周龄以后的肉鸡，如果舍温长时间超过24℃，会降低肉鸡的饲料报酬率，同时降低鸡肉品质。环境温度28℃以上，肉鸡饮水量明显增加；超过32℃时，家禽会出现热应激；35℃以上，肉鸡张口急速呼吸；达到38℃以上，会出现热死鸡的现象。冬季外界气温低引起的舍内气温低，会造成通风不良，有害气体浓度增加，长时间低温会造成冷应激，引起生产性能下降和肉鸡呼吸道疾病的发生。

　　（2）湿度　肉鸡适宜的环境湿度第一周为60%～65%，第2～3周为55%～60%，第3周以后为50%～55%。湿度过低，会使得鸡体内水分散失过大，饮水增加，采食减少；湿度过高，会降低鸡只的免疫力，并有利于细菌等病原体的繁殖，引起疫病的发生。夏季高湿会使水帘的降温效果降低，并且抑制鸡群散热，发生热应激或中暑现象。冬季高湿会造成通风不良，舍内有害气体浓度上升，肉鸡生产性能降低。

　　（3）有害气体　鸡舍内有害气体主要包括CO_2、NH_3、H_2S等，舍内最高限值分别为1500毫克/米^3、10毫克/米^3、2毫克/米^3。春夏季节，由于肉鸡舍每天清粪，舍内的有害气体很少，仅在偶尔天气变冷的时候因通风量减少，导致CO_2浓度超标；秋冬季节，由于天气较冷，通风小窗关闭或开启角度较小，使得CO_2浓度严重超标。在层叠式肉鸡舍从来没有检出H_2S；由于每天清粪，NH_3一般都控制在相关标准之内。平养的时候，整个饲养周期结束后才出粪，特别注意NH_3浓度的控制。

（4）粉尘　鸡舍内的粉尘主要来源于饲料、鸡的皮屑和羽毛、粪便，粉尘可以吸附微生物和有害气体，是鸡舍疫病传播的主要介质。粉尘的粒度为0.01～100微米，肉鸡舍的粉尘粒度多数在0.3～0.5微米。粉尘会严重影响肉鸡的生产力，也会造成周边环境的污染。PM10鸡舍中含量限值为4毫克/米^3，总悬浮颗粒物（TSP）限值为8毫克/米^3。夏季鸡舍通风量大，粉尘较少，冬季温度较低，舍内粉尘较多，饲料中加油脂，提高通风量，可以减少粉尘。

（5）光照　肉鸡1～3日龄，可采用24小时光照；4～7日龄，23小时光照；8～21日龄，16小时光照；22～35日龄，18小时光照；36日龄至出栏，每日光照在前一日的基础上增加1小时。

（6）通风　鸡舍的通风实行温控＋时控的模式，当鸡舍温度低于设定温度的时候，时间控制器控制风扇，按最小通风量通风；当高于设定温度的时候，温度控制器控制风扇，按温度控制进行通风（图6-11）。

图6-11　鸡舍的风机

鸡舍的最小通风量（米³/分钟）＝舍内鸡群总重（千克）×0.0155［米³/（千克·分钟）］

最大通风量（米³/分钟）＝舍内鸡群总重（千克）×0.155［米³/（千克·分钟）］

排风量（米³/分钟）＝通风量÷风机功率÷风机启动个数

三、肉仔鸡饲养管理

1. 肉鸡的生长发育特点

（1）体温调节能力差　刚出生的肉鸡体温比成年肉鸡体温低 2～3℃，呼吸系统不健全，不能靠呼吸调节体温，体温调节能力差。5日龄后体温有所上升，调节能力慢慢增加；10日龄后体温和成年肉鸡体温相近。因此，肉鸡的施温方案是随着肉鸡日龄的增加而逐渐降低。

（2）新陈代谢旺盛，生长速度快　肉鸡的生长速度非常快，2周龄的体重约为初生时的10倍，4周龄时为30倍，6周龄时为60倍。随着日龄的增长，肉鸡生长速度变缓。雏鸡新陈代谢旺盛，心跳快，单位体重的耗氧量大，每小时单位体重的产热量是成年肉鸡的2倍。雏鸡的羽毛生长迅速，出壳即长满羽毛，俗称"绒毛"，随着日龄的增长逐渐换成永久羽。第一周肉鸡的翼羽和尾巴先长出来，第二周肩部和胸侧的绒毛退换，长出羽毛，第三周退换的羽毛是尾部的背上和嗉囊的部位，第四周是颈部，第五周是头部和腹部，第六周是胸部。羽毛中的蛋白质含量为80%～90%，是肉和蛋的4～5倍，所以在饲喂肉鸡时要保证日粮中蛋白质的水平。

（3）消化系统不够发达　肉雏鸡消化系统还不够发达，肌胃研磨能力弱，消化能力较差；胃容积小，单次采食量有限；小肠及消化腺不发达，某些消化酶还没有产生，吸收能力弱。因此要饲喂纤维含量少、易于消化的饲料，少喂勤添。

（4）免疫功能较弱　雏鸡孵化出以后，靠母源抗体抵抗外界微生物的侵袭，10日龄后才逐渐产生自身的抗体，但产量较小，21日龄后母源抗体降到了最低。因此要做好肉鸡的免疫接种工作，以保证肉鸡能顺利渡过10～21日龄的危险期，这段时间要做好鸡舍内环境的净化，保证饲料中有足够的营养物质。

（5）鸡只胆小，抗应激能力差　肉鸡天性胆小，喜欢群居，缺乏自卫能力，如果养殖环境发生骤变都会引起鸡群的应激，如气温忽高忽低、饲养密度大、舍内的噪声以及其他动物闯入等。因此，育雏的环境要求安静，防止各种应激对肉鸡的生长发育造成影响。

2. 饲养管理技术

（1）饮水与开食技术（图6-12）　引进雏鸡前应准备和室温温度差不多的凉开水，在引进雏鸡0.5～2小时内供水。水分在雏鸡体中占70%～80%，它对饲料的消化吸收、物质代谢和体温调节等方面起着重要作用，如果不能供给雏鸡充足的水分，容易使雏鸡造成脱水，会有不同程度的伤亡。饮水中可以添加3%葡萄糖、电解质和维生素，促进雏鸡肠道蠕动，排出胎粪，也有利于开食。雏鸡开始饮水后，不能停止供水。对于不会饮水的极少数鸡，要人工抓住鸡帮助其饮水，使鸡脖子朝下将鸡嘴按入水中，再仰起鸡脖子使鸡嘴冲天，反复几次。

开食是指雏鸡第一次吃饲料，开食的时间选在饮水后2小时进行，开食时一定要光线充足，可以选择白天，夜晚开食时要光照充足。雏鸡1～3日龄，选择的饲料可以是玉米的粉碎颗粒，也可以是专门的开食颗粒料；可以干喂，也可以湿喂。开食选用开食盘或者将饲料撒在硬纸上，便于鸡啄食。育雏前期饲喂应掌握"少喂，

图6-12　笼养肉鸡舍雏鸡饮水与采食

勤添，八成饱"的原则，每3～4小时喂一次料，每次20～30分钟。剩料要及时清除，并照顾较弱的肉鸡；喂料的地方光线应充足，以利于每只鸡都能看到并采食；开食后要经常检查嗉囊是否充满，大部分雏鸡会本能地啄食，对未开食的雏鸡要强制开食；在雏鸡阶段应按鸡种的耗料量，按计划平均供给，每只鸡的采食量应大体平均，以确保日后鸡的均匀度。雏鸡阶段应采用记量不限量的供料原则。

（2）温湿度控制技术　肉鸡不同生长阶段对温度要求不同，大型智能化鸡舍靠地暖加热和水帘降温，具备温度的自我调控能力，基本控制在设定温度±2℃内。在多风季节，要及时调节通风小窗的大小，以保证鸡舍内局部温度不出现骤升或骤降。寒冷季节，要做好入舍门的管理，严禁随意进出，保证门附近的鸡群能够有适宜的温度。普通鸡舍要做好"看鸡施温"，主要是根据鸡群离热源的远近和分布状态而定。温度适宜，鸡只活泼有神，采食正常，均匀分布在热源周围；温度偏高，鸡只远离热源，张口呼吸，饮水增加；温度过低，鸡只靠近热源，拥挤扎堆，不愿活动。

冬春季节，外界气候干燥，鸡舍内靠热风炉或者地暖供热会带走一部分水分，容易引起鸡舍湿度低于正常要求，需要对舍内的湿度加以调控。

① 人工加湿　使用喷雾器或者自动喷雾装置对整个鸡舍进行喷雾，宜采用少量多次喷雾法，喷水量控制在8升/100米²，喷雾时喷头朝上，举高喷杆，让气雾由上而下均匀落下，避免直接喷到鸡群。还可以采用地面洒水的方式，任水汽自由蒸发。

② 调节通风量　确定鸡舍的最小通风量和最短通风时间，在保证舍内空气清新的基础上，尽量缩短通风时间，可以在进风口安装空气过滤器。

相对湿度过高主要出现在夏季，或冬季育雏通风不良的时候。湿度过高，会增加有害气体浓度，空气中含氧量减少，滋生病原微生物，诱发鸡群疫病，降低湿度主要是加大通风量，或者升高鸡舍温度；乳头饮水器要随着鸡只的生长而进行高度调节，发现漏水一定要及时处理。高温的时候，一定要加大通风量，开启水帘，湿度自然会上升；高温高湿的时候，禁止开启水帘，因为鸡主要靠呼吸排出水蒸气而散热，再加湿会导致鸡群的呼吸更加困难，此时可以增加机械通风，加强制冷来降温降湿。

（3）通风换气技术　通风换气是肉鸡饲养管理技术里面最难以把控的技术，合理的通风换气既给鸡群提供了新鲜的空气，又保证了鸡舍内适宜的温度。通风不良会使鸡舍内空气污染加大，对肉鸡的生产造成影响，主要影响如下：一是氨气，它是无色有强烈刺激性气味的气体，潮湿的环境可以加大氨气的浓度。鸡只对氨气非常敏感，当舍内氨气浓度达到15毫克/米^3，就会引起鸡呼吸道黏膜充血、水肿，从而引起采食量和免疫力下降，诱发其他疫病；二是硫化氢，它是无色具有臭鸡蛋气味的气体，低浓度的硫化氢（2毫克/米^3）长期存在，会使得鸡群萎靡不振，食欲下降，免疫力降低，生产性能下降；三是二氧化碳，它是无色无味、低浓度无毒的气体，鸡舍最高浓度推荐值是1500毫克/米^3，当鸡舍内浓度超过3500毫克/米^3，会使得肉鸡腹水症增加，长时间高浓度会造成鸡死亡；四是粉尘，粉尘过多可以损伤鸡的呼吸系统，肉鸡生产中5微米以下的颗粒可进入细支气管和肺泡，容易引起鸡的呼吸道疾病，对肉鸡生产危害最大。

随着肉鸡规模化、集约化饲养，鸡场单栋饲养量越来越大，机械通风越来越普遍。最低通风量是指提供给鸡只充足氧气和维持鸡舍空气质量，每小时的空气需要量，仅冬季和雏鸡3周龄以内适用。最大通风量是指在保证散热的情况下，鸡舍需要的新鲜空气量，一般纵向通风的时候使用。下面提供通风参数供参考。

鸡舍通风量＝鸡只数×鸡体重×肉鸡每千克体重通风量

肉鸡最高通风量＝6～7米^3/（小时·千克体重）

肉鸡最低通风量＝1～2米^3/（小时·千克体重）

水帘建议风速＝1.2～1.5米/秒

（4）光照控制技术　光照是为了给鸡只提供适宜的光照时间和光照强度，便于鸡只采食和饮水，鸡群在不同的生长阶段，对光照要求不同。除了光照制度，控制光照还要结合体重和鸡群的健康状况，如35日龄后，鸡体重超重要限制光照，鸡体重偏轻要增加光照。

$$灯泡数量＝面积×每平方米所需瓦数÷灯泡瓦数$$

每平方米所需瓦数，平养一般为2.6～2.8瓦，多层笼养为3.4～3.6瓦

灯泡功率与K值：15瓦、3.8K，25瓦、4.2K，40瓦、4.6K，60瓦、5.0K

白炽灯有良好的光谱，可以作为光源；荧光灯效能是白炽灯的3～5倍，是较好的光源，但时间久了会降低光强，要注意及时更换；高压钠灯效能更好，适于屋顶较高的鸡舍。鸡对蓝光色盲，抓鸡的时候选用蓝色灯泡，可以减少鸡群的应激；灯上方安装灯罩，可以提高灯的效能，节约电力，要注意定期擦拭灯泡和灯罩。

3. 鸡群应激控制技术

应激是指由气温突变、噪声、饲养管理、饲料营养、疾病传染等因素变化，引起鸡群机体发生的非特异性反应或紧张的状态。一般的刺激，鸡只可以自行应变和适应，但长时间的应激或者应激程度过大，超过了鸡群的耐受性，会影响鸡只的生长发育，甚至引起死亡。

（1）生理应激　生理应激主要是由饲料营养不足或者不均衡引起的，要根据肉鸡不同的饲养阶段饲喂不同的全价饲料，要注意饲料的储存，不饲喂发霉或者变质的饲料。不同阶段更换饲料的时候，要采取逐步更换的方法。

（2）环境应激　环境应激包括温度、湿度、风速、光照、有害气体和噪声等。炎热夏季，当鸡群在30日龄以上，长时间高温（高于30℃），鸡群会发生热应激，采食下降，酸碱失衡，甚至死亡。寒冷的冬天，舍温上不去或通风量过大，会导致鸡群畏冷扎堆，挤伤甚至死亡。冬季风速超过1米/秒，会对鸡只造成应激。声音超过45分贝，或者出现异常音、突发音，以及反复出现的飞机、火车、大型汽车等的噪声，会使鸡只产生应激。通风不良，造成有害气体浓度过高，或者突然增减光照强度或者光照时间，都会造成鸡群的应激。

预防环境应激，就是要持续给鸡群创造一个适宜的养殖环境。根据肉鸡的生长日龄，提供适宜的温度、湿度和光照。夏季采用纵向通风，冬季既要注意保暖，又要加强通风，同时采用舍外生炉取暖，减少有害气体的蓄积。实行正确的光照制度，灯泡损坏要及时更换。保持舍内安静，避免各种噪声的出现，雏鸡入舍前要仔细地检修好各种设备。热应激的时候，要饲喂加倍的维生素，额外补充维生素C和维生素E，并在饮水和饲料中添加0.1%～0.2%的碳酸氢钠等电解质。

（3）管理应激　管理应激是指人为管理因素造成的应激，是肉鸡养殖业中最常见且影响较大的应激，主要原因有：一是对鸡饮食的改变，比如管理失误造成水的匮乏与质量不足，饲料品质不良或营养不全价；二是不同日龄的鸡混养，或者鸡群饲养密度过大，造成鸡大小不一，生长发育不良；三是野生动物或者家养动物进入鸡舍，造成惊群，或者传播疾病；四是称重、分群或者捕捉鸡只，鸡是非常敏感的动物，一旦有生人进入，或者对鸡进行移动，就会使鸡群受惊，个别鸡只受伤。

预防管理应激，就是要减少人为因素对鸡的影响。首先饲养人员要固定，要定时定量饲喂优质的饲料，供给充足洁净的饮水。抓鸡、分群等时，尽可能关闭鸡舍内的灯，轻拿轻放鸡只，饲养后期鸡群密度以每平方米8～10只为宜。鸡群实行"全进全出"饲养方式，平时禁止外来人员和车辆进入，消灭各种蚊虫、野鸟和老鼠。

（4）免疫与疫病应激　无论哪种途径的疫苗接种，都是对鸡群的应激，接种后的疫苗在体内产生抗体的过程也是一种应激。鸡群感染各种类型的慢性或者隐性疾病，机体与病原微生物处于动态平衡，呈现无症状感染，此时一个小小的应激，都会使得鸡群出现明显的临床症状。选用药物或者消毒药，如方法不当、投喂过量、长时间使用等，都会给鸡群带来应激。

预防方法主要有：一是保持鸡舍清洁，定期消毒，消灭病原微生物；二是严格按照程序选择疫苗执行免疫接种，个体免疫选在光线较暗、天气凉爽的时候；三是在免疫前后，适当在饲料或饮水中添加抗应激药物，如饲料中添加0.1%的延胡索酸；四是在应激发生时，补充维生素、矿物质和微量元素。

4.肉鸡生产工艺

（1）肉鸡每日常规饲养管理流程（图6-13）

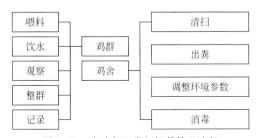

图6-13 肉鸡每日常规饲养管理流程

（2）肉鸡每批饲养管理流程

① 1日龄 开饮、开食、消毒、称重、免疫、观察、光照、值班。

② 2～4日龄 常规管理、检查、消毒（少喂勤添、洗刷饮水器、料盘）。

③ 5日龄 常规管理、免疫（疫区每年5～10月期间接种鸡痘疫苗）。

④ 6日龄 常规管理、调整饲喂设备与光照（撤走部分食盘、添加料桶，通风换气）。

⑤ 7～8日龄 常规管理、抽检称重、分群（增加料桶和饮水器、加大育雏面积）。

⑥ 9日龄 常规管理、调整设施（撤走开食盘、40只鸡一个饮水器、饮用电解多维）。

⑦ 10日龄 常规管理、调整设施、免疫接种（新城疫和传染性支气管炎）、分层。

⑧ 11～12日龄 常规管理、调整料桶高度、饮用电解多维。

⑨ 13日龄 常规管理、逐渐换料。

⑩ 14日龄 常规管理、换料、免疫（传染性法式囊病+3%脱脂奶粉饮水）。

⑪ 15～16日龄　常规管理、饮用电解多维、带鸡消毒一次。

⑫ 17～20日龄　常规管理（20日龄加喂电解多维）。

⑬ 21日龄　常规管理、免疫接种（新城疫Ⅳ系饮水，1小时内饮完）。

⑭ 22～26日龄　常规管理、带鸡消毒、调整饮水器和料桶位置。

⑮ 27～35日龄　常规管理、28日龄和35日龄称重、3天内换料、30日龄带鸡消毒。

⑯ 36～42日龄　常规管理、36日龄带鸡消毒、40日龄抽检称重（够2.5千克出栏）。

⑰ 出栏准备　提前10小时断食，提前3小时断水，捉鸡、数鸡。

四、常用免疫技术及方法

随着肉鸡养殖技术的发展与养殖设备的不断更新，肉鸡的福利待遇越来越高，肉鸡的免疫次数与种类越来越少。实际生产中必须坚持"预防为主，防重于治"的原则，切实提高肉鸡养殖的经济效益。

1. 疫苗的种类

（1）活苗　活苗包括弱毒苗、强毒苗和异源苗。弱毒苗是使用物理或者生物的方法，把免疫原性好的强毒株的毒力减弱或者使丧失后，仍保持原有的抗原性，并可以在机体内繁殖，从而诱导产生免疫力；强毒苗比如鸡传染性喉气管炎疫苗，由于存在散发病原的危险，现在一般都不使用了。现在都制作成冻干苗，比如新城疫、法氏囊病疫苗等，储存时间长，使用效果佳，但要注意避免反复冻融。异源苗是指具有共同保护性抗原的不同种病毒制备的疫苗，比如马立克病的火鸡疱疹病毒疫苗。

（2）灭活苗　病原微生物经理化方法灭活后，仍保持免疫原性，接种后可使动物产生特异性免疫力。由于灭活后在鸡体内不能繁殖，因此使用剂量较大，而且需要加入一定量的佐剂来增强免疫效果。优点是研制周期短、使用安全、易于保存。可以分为组织灭活苗、油佐剂灭活苗和氢氧化铝胶灭活苗。

组织灭活苗是用患传染病的病死鸡的典型病变组织或者病原接种鸡胚后孵化一定时间的鸡胚组织，经碾磨、过滤、灭活制备而成，这种苗被称为自家苗，即用于发病本场。此法对不明病原的传染病可以起到很好的控制作用，如用于大肠杆菌、巴氏杆菌病的防治中。

油佐剂灭活苗是指经灭活的抗原液与矿物油混合乳化而成的疫苗，油苗免疫效果好，免疫期也较长，但价格相对较高，可根据实际情况使用。现在一般禽流感疫苗都是这种疫苗。

氢氧化铝胶灭活苗是经灭活的抗原液加入氢氧化铝胶制成的。铝胶苗制备方便、价格低、免疫效果好，但往往吸收困难，容易在体内形成结节，影响鸡肉品质。

2. 使用疫苗的注意事项

（1）疫苗的保存和使用应由专人负责　免疫前要对疫苗种类、有效期、稀释液、免疫程序等仔细核对；开启后的疫苗瓶应反复放入稀释液洗涤，然后在稀释器皿中上下振摇，力求稀释均匀。

（2）疫苗稀释液的选择　应使用由疫苗生产商专门生产提供的（如马立克病疫苗等），如果未提供，一般应使用灭菌的生理盐水来稀释，大群饮水或气雾免疫时应使用蒸馏水或去离子水稀释，注意通常的自来水中含有消毒剂，不宜用于疫苗的稀释。

（3）疫苗要现用现稀释，不可稀释久置后使用。

（4）免疫增强剂、保护剂等要正确使用　脱脂奶粉可以作为保护剂保护疫苗，免疫增强剂要在免疫前3天使用，每天两次。

（5）免疫前后的注意事项　免疫前3天可以使用免疫增强剂将机体调节到最佳状态，也可使用维生素电解质来减少应激；免疫前1天要停止消毒措施。免疫时抓鸡要做到轻拿轻放，准确且迅速，免疫部位要正确，剂量要准确。免疫后要及时处理免疫器具和空瓶、残余疫苗，切勿乱丢弃；免疫后2天内不可以消毒，也不能使用对免疫有抑制作用的药物。

3. 免疫接种的途径

肉鸡免疫接种的途径，主要有饮水/滴口、点眼/滴鼻、气雾、注射、刺种等，要根据疫苗的种类和特点，选择适宜的疫苗和接种途径。

（1）饮水/滴口免疫　该法简单易行，肉鸡多使用直接在饮水中加疫苗，苗毒通过肉鸡鼻咽部黏膜引起免疫反应，如新城疫Ⅳ系（LaSota株）疫苗。滴口免疫与饮水免疫原理相同，但接种剂量更加准确，如传染性法氏囊活疫苗。

（2）点眼/滴鼻免疫　该法主要用于接种弱毒疫苗，苗毒可以直接刺激眼底的哈氏腺和结膜下淋巴组织，也可以刺激鼻黏膜、咽黏膜和扁桃体，产生很好的免疫效果。一般新城疫-传支二联苗采用此法。

（3）气雾免疫　将疫苗溶于水后，利用喷雾或者气溶胶的方式，让鸡呼吸到有疫苗的气雾而产生免疫。该法对鸡刺激性小，免疫效果好，多在雏鸡1日龄使用。但气雾吸收受鸡的个体差异影响较大。

（4）注射免疫　灭活苗和部分活苗使用该法免疫，根据肉鸡的日龄选择适宜的注射方式，主要包括颈部皮下注射和胸部肌内注射两种方式，如马立克病疫苗、禽流感灭活苗等。

（5）刺种免疫　肉鸡刺种的疫苗，仅限于鸡痘疫苗。一般在发生过鸡痘的疫区，流行季节把疫苗接种于鸡翼下方的方法。

4. 免疫程序

免疫程序的制订要根据当地疫病流行情况，结合所养肉鸡品种和母源抗体水平，再结合鸡场疫病的流行病史、实际管理水平以及疫苗的商家与种类等多种因素，综合制订的一个免疫接种程序。每个父母代种鸡场都会根据供货的地方，提供一个参考程序，养殖场可以根据实际情况参照实行。

（1）制订免疫程序时的注意事项　第一，要对本地区本养殖场及其周边养殖场的流行病进行了解，参照养殖场或周边养殖场过去的疫苗接种程序，对疫苗种类和大概时间进行确定；第二，要掌握疫苗的特性，先选用毒力较弱或者毒力丧失的疫苗进行首免，有了基础免疫，再次免疫可以使用毒力稍微强一点的疫苗；第三，引进的雏鸡要定期检测母源抗体，根据母源抗体的消长规律选择疫苗的首免时间；第四，掌握疫苗的最佳接种途径，根据病原最佳的感染途径，确立接种途径；第五，充分考虑疫苗之间的相互影响，间隔期要大于7天。

（2）商品代肉鸡的免疫程序　商品代肉鸡由于饲养周期较短，免疫程序比较简单，下面是一些场家根据实际经验总结的比较有参考价值的免疫程序（表6-3）。

表6-3　商品代肉鸡免疫参考程序

日龄	疫苗种类	接种方法
1	鸡马立克病疫苗 鸡传染性法氏囊病疫苗 鸡新城疫疫苗	气雾免疫
5～7	新城疫-禽流感二价油苗 新城疫Ⅳ系+传支Ma5活疫苗	颈部皮下注射 点眼、滴鼻
14	传染性法氏囊病活疫苗	饮水
19～21	新城疫Ⅳ系+传支H52活疫苗	点眼、滴鼻
24～26	传染性法氏囊病活疫苗	饮水

5. 肉鸡常见病预防与治疗

（1）病毒性疾病

① 预防为主，治疗为辅　肉鸡场病毒性疾病主要预防方法是疫苗接种。每一个养殖场要根据自己的实际生产情况，参照制订的免疫程序进行预防接种。商品肉鸡主要预防的病毒性疾病有马立克病（MD）、新城疫（ND）、鸡传染性支气管炎（IB）、禽流感（AI）、传染性法氏囊病（IBD）等。如果在流行过鸡痘的养殖场，在发病

季节要进行翼下接种鸡痘疫苗。

病毒性疾病发生后，一般没有特效的治疗药物。如果有相应的特异性抗体则优先使用，如发生传染性法氏囊病，可以使用该病原制作的高免蛋黄液。如果没有特异性抗体，可以使用抗病毒的中药，如双黄连、清瘟败毒散等；可以使用维生素电解质，加强机体的抵抗力；可以根据肉鸡出现的症状，进行对症治疗，如发生喘息、咳嗽的，使用平喘、镇咳药物；还可以使用具有抗菌功效的中药，防止发生继发感染。

② 综合防治措施　第一，严格执行各项规章制度，如消毒制度、饲养制度等，对鸡舍的内外环境都要进行全方位消毒，包括定期进行带鸡消毒；第二，加强鸡舍环境控制，给肉鸡提供适宜的生长环境，让其保持良好的免疫能力；第三，做好饲养管理，饲喂营养全价的饲料，及时无害化处理病死鸡；第四，使用免疫增强剂，能够诱导机体产生免疫，提高疫苗的使用效力；最后定期杀虫、灭鼠，消灭病原携带者。

③ 一类病紧急处理　根据我国分类的动物一、二、三类疫病，肉鸡的一类传染病是高致病性禽流感和新城疫，发生该类疫病时，根据《中华人民共和国动物防疫法》及相关规定，采取严格的防控措施。扑杀病鸡和同群鸡，病死鸡及其污染物要做无害化处理，受污染的场所、器具、环境要做彻底消毒，对受威胁区的健康鸡要进行紧急预防接种。

（2）细菌性疾病

① 鸡大肠杆菌病　大肠杆菌在鸡舍的环境中普遍存在，包括饲料、空气、粪便、鸡体内。大肠杆菌是条件性致病菌，当鸡发生应激时，抵抗力下降容易诱发大肠杆菌病。能引起鸡群发病的大肠杆菌称为致病性大肠杆菌，它有多种血清型可引起肉鸡的败血症、气囊炎、心包炎、肝周炎、脐炎等各种病变（图6-14）。常常与其他疫病混合发生或者继发感染，是商品肉鸡养殖中最常见的疾病之一，是引起肉鸡发病率和死亡率都非常高的细菌性疾病，据调查，该病占细菌性疾病的50%～80%。

大肠杆菌是革兰阴性菌，广谱抗生素对该病有良好的疗效，但由于长时间用药，目前大肠杆菌已经具有多重耐药性，因此在治疗的时候，应该进行药敏试验，选择大肠杆菌高度敏感的药物。目前，随着国家在动物生产中禁止抗生素的使用，以及在肉鸡产品中不得检出抗生素残留相关政策法规的出台，建议养殖场使用益生菌、酶制剂、多糖、中药等产品来进行大肠杆菌病的预防与治疗。

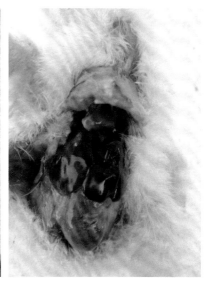

图6-14 雏鸡感染大肠杆菌

② 鸡沙门菌病 不同血清型的沙门菌可以引起鸡白痢、禽伤寒、副伤寒等病，商品肉鸡感染沙门菌主要引起鸡白痢。肉鸡感染鸡白痢沙门菌可见精神委顿、闭目昏睡、绒毛松乱，有腹泻，排白色糊状粪便，常伴有糊肛现象。多发于7～12日龄的肉鸡，鸡常因呼吸困难和败血症而死。病死鸡多有纤维素性心包炎，肝上有白色坏死点或白色结节。

鸡白痢能够水平传播也可以垂直传播，垂直传播主要是由父母代种鸡场垂直带入，鸡只在孵化期间就已经带了病菌，来到了鸡场才发病死亡；水平传播是指带菌的鸡只、器具、饲料等传染给鸡群。因此，引种的时候要注意，从没有发生过鸡白痢或者做过鸡白痢净化的鸡场引种，鸡场要做好消毒工作，防止鸡白痢的携带者进入；每一批饲料要提前进行鸡白痢检测，防止饲料中带菌。鸡场发生鸡白痢后，要进行药物敏感性试验，使用鸡敏感的药物进行治疗。随着抗生素类药物退出养殖舞台，生态防治变得尤为重要。口服乳酸杆菌菌剂整肠抑菌素，可以降低鸡白痢的发病率。据报道，乳酸杆菌菌剂对鸡白痢的治疗效果，可以达到92.5%。"三黄白"制剂是中药三颗针、黄芩、白头翁等研粉配制而成，对鸡白痢的治愈率在95%以上。

③ 鸡传染性鼻炎　传染性鼻炎是由鸡副嗜血杆菌引起的急性呼吸道病，感染鸡群主要表现为精神沉郁、打喷嚏、甩鼻、眼结膜炎、脸部肿胀、鼻窦炎等症状。鸡副嗜血杆菌为革兰阴性菌，对外界抵抗力较弱，自然环境中仅能存活数小时，对热和消毒药很敏感，主要侵害4周龄以上的鸡。传播途径主要是经飞沫等呼吸系统感染，也可以通过饲料等经口感染。该病多发于秋冬季，特别是当鸡群遇到鸡舍通风不良，或发生其他疫病时都容易诱发。

该病商品肉鸡发病较少，死亡率也比较低，但是当与大肠杆菌病、鸡白痢、鸡慢性呼吸道病等疾病混合感染时，带来的经济损失较大。预防该病主要是减少鸡群应激情况的发生，首先通风适当，当秋冬季为了保温，鸡舍的有害气体浓度加大，会诱发本病；其次气候干燥，鸡舍内灰尘或气溶胶浓度加大，会增加本病发生的机会，要注意喷洒消毒液；第三，鸡舍及其周边环境不良也会带来感染，要注意去除杂草，及时清理粪便及其他污染物，并及时消毒；第四，保持饲料和饮水的洁净，饲养人员也要注意勤洗手、勤洗澡，防止外来人员进入。抗生素类和磺胺类药物可以治疗该病，由于养殖全面禁抗，建议使用中药，另外不建议肉鸡接种该类疫苗。

④ 鸡巴氏杆菌病　鸡巴氏杆菌也叫禽出败、禽霍乱，是由巴氏杆菌引起的急性败血型传染病。最急性型，病鸡常常无症状直接死亡；急性型病鸡精神不振、采食减少、被毛松乱、鸡冠发紫，常伴有腹泻，常因呼吸困难在 1～3 天内死亡；慢性型常见于流行

后期，症状多数转为慢性呼吸道病和消化道病，或发生关节炎等。病鸡剖检常见内脏系统有出血点，呼吸系统有黏液，消化系统有炎症。

　　该菌为条件性致病菌，常常因鸡舍环境不良或鸡群抵抗力下降而引发本病，常见的因素有鸡舍环境卫生状况差，粪便等垃圾不及时清理；鸡舍通风不良，氨气等有害气体增加；饲料中维生素部分失效，饲料营养不全价；鸡群长期处于应激状态，抵抗力下降。本病可以单独发生，多数与大肠杆菌病、鸡白痢等混合感染。治疗的时候，首先要消灭诱因，加强鸡群的饲养管理，及时对鸡舍及周边环境消毒，可以使用中药进行治疗，不建议使用疫苗。

　　⑤ 鸡慢性呼吸道病　鸡慢性呼吸道病是由鸡毒支原体（也叫鸡败血霉形体）引起的病程长，但发展缓慢的呼吸道病。该病多发于冬春季节，气候忽冷忽热，鸡舍通风不良，饲养密度高，可以诱发本病。肉鸡集约化饲养，鸡舍内的有害物质不断累加，病原微生物、有害气体、粉尘等在鸡舍内不断蓄积、流动，可以刺激肉鸡的气管、支气管，引发本病。病鸡常出现咳嗽、气管啰音、呼吸困难等症状，鼻腔气管有大量黏液，气囊增厚。本病常与大肠杆菌、鸡白痢、寄生虫病等混合发生，往往给鸡群带来重大损失。

　　该病可以垂直传播，引种的时候要注意从支原体阴性的鸡场引种。该病可以水平传播，要注意消灭诱因，主要做好以下工作：加强饲养管理，饲喂全价饲料；饲料一旦发霉变质，严禁使用；做好通风换气和保温工作，降低舍内有毒有害气体浓度；加强鸡舍内外的消毒工作，鸡场实行"全进全出"制度。治疗该病原来使用泰乐菌素类，随着禁抗政策的实施，建议使用中药，商品肉鸡不建议使用疫苗。

　　⑥ 其他细菌病　细菌的种类还有很多，能引起肉鸡疾病的还有黄曲霉菌、葡萄球菌、铜绿假单胞菌等，由于并不常见，仅说一下综合防治措施。和多数细菌性疾病一样，第一，做好饲养管理，饲喂质优全价饲料和洁净卫生的饮水；第二，做好鸡舍内环境的控制，综合调节好温度、湿度、光照、密度、通风等环境因

素；第三，做好消毒工作，把病原微生物消灭在养殖场之外；第四，定期饲喂益生菌类菌剂，调节鸡体内肠道菌群；第五，减少鸡群的应激因素，夏天防暑降温，冬季供热保暖，防止噪声和鼠害、虫害、鸟害。

（3）常见寄生虫病

① 球虫病　鸡球虫病是由一种或者多种球虫寄生在鸡的肠道，引起的一种急性流行性原虫病。该病可以使肉鸡生长速度变慢，料肉比增加，鸡肉品质下降，有的死亡率达20%～50%。该病主要依靠粪便传播，肉鸡散养和平养时，由于鸡只可以随意啄食粪便，增加了球虫病的发病率和死亡率。病鸡多见鸡冠苍白，被毛蓬乱，饮水增多，拉血样稀粪或酱油色水便，鸡群均匀度很差。剖检可见肉鸡盲肠肿大出血，该病被列为动物第二类疫病之一。

预防球虫病最重要的一种方式就是鸡与粪便分离，比如采用网养和笼养；还可以消灭传染源，避免鸡舍潮湿；定期消毒，减少病原的传播机会；减少应激，添加多种维生素和微量元素。球虫对地克珠利、磺胺类、莫能霉素等都比较敏感，由于球虫种类很多，治疗和预防效果不一。为了防止产生球虫耐药性，应该使用中药，如球虫散、三味抗球颗粒等，也可以饲喂配方药（白头翁600克、马齿苋350克、石榴皮400克，煎服）。注意病死鸡和剖检鸡一定要进行无害化处理，防止污染养殖场和土壤。球虫免疫接种肉鸡一般不使用。

② 鸡虱病　鸡虱病是由鸡虱引起的鸡的一种体表寄生虫病。鸡虱主要寄生在鸡体表和皮肤，一般不会离开鸡体。鸡虱白天藏于墙壁、栖架的缝隙及松散干粪等处，并产卵繁殖；夜晚则成群爬到鸡身上叮咬吸血，每次一个多小时，吸饱后离开。其数量多时，鸡贫血消瘦，产蛋明显减少。鸡群表现为瘙痒不安、精神不振、逐渐消瘦、羽毛脱落。一年四季均可发生，6天即可繁殖一代。

鸡虱病的预防与治疗，要彻底清扫养殖场内外环境，利用杀虫液杀灭鸡虱，对鸡虱栖息的地方（如墙缝、网架）喷雾，不能喷到

高效养鸡全彩图解＋视频示范

料槽和水线中，7～10天之后再进行一次喷杀。治疗：在20～30克百部草中加入500克白酒，浸泡3天，用前摇匀。取棉球蘸药涂抹患鸡皮肤，每天一次，连用4天。可用伊维菌素拌料驱虫，按肉鸡0.2毫克/千克体重，间隔10天后再驱虫一次。

（4）常见普通病

① 肉鸡腹水综合征　腹水综合征又称肉鸡水肿病，是病鸡以明显的腹水、肺充血、水肿以及肝病变为特征的非传染性疾病。主要发生原因：肉鸡的遗传基因，有的品种容易得病；饲料营养过高，比如饲喂高能量高蛋白的饲料；鸡舍环境条件差，比如养殖密度大、环境中有害气体浓度过高、含氧量降低等。

预防与治疗：可以加强通风换气，减少鸡舍的有毒有害气体；严格执行各项消毒防疫制度，防止呼吸道疾病的发生；饲喂全价饲料，减少饲料中脂肪的添加，控制食盐含量不高；提高饲料中亚硒酸钠和维生素E的水平，保证饲料中磷的正常水平；合理使用药物，对心、肺、肝等脏器有毒副作用的药物不予使用。治疗采用12号针头抽出鸡体内腹水，使用亚硒酸钠维生素E饮水，连用3～5天；调节电解质平衡，使用电解多维饮水；使用利尿药，加速排泄。

② 营养缺乏及代谢障碍病　肉鸡在不同的发育阶段所需要的营养不同，营养物质的缺乏、过量或者代谢失常，都可以造成机体代谢障碍，引起营养代谢病。主要是因为饲粮配方不合理，或者饲料原料储存过期，或者营养物质遭到破坏，或者鸡群发生应激或疾病，正常的摄入量不能满足其营养需求。

预防与治疗：肉鸡的不同生长阶段，根据饲养标准，使用合理的配方，计算损耗，并添加足够的量，保证供给肉鸡所需的维生素、矿物质及各种微量元素，注意饲料原料的质量和生产加工工艺，保证各项营养不受损失，合理储存饲料，不进行长时间的存放，防雨防鼠。加强鸡群的饲养管理，保证机体的正常功能。

③ 痛风　痛风是由于尿酸盐不能及时排出体外，在鸡体内沉积形成尿酸血症，继而沉积在鸡的各个脏器、关节和其他间质组织

中形成痛风。主要原因：一是饲料中蛋白质含量过高，或者饲料配比不当，如钙磷比例不协调等，引起尿酸增多；二是鸡患疾病，导致尿酸排泄障碍，如传染性支气管炎、维生素缺乏症等；三是鸡的肾功能受损，引起尿酸沉积，如经常大剂量使用药物；四是鸡的品种、运动不足等因素诱发。

预防：给鸡提供全价营养饲粮，不饲喂发霉和过期的饲料，提供质优充足的水，合理使用药物，阻止鸡群发生引起肾炎和尿酸盐沉积的传染病和中毒病，不给鸡的肾脏增加负担。治疗没有特效药，找到并消除病因，采用对症治疗措施，可使用通肾保肝中药。

第七章

鸡常见病的防治

第一节
鸡常见病毒性疾病

一、禽流感

禽流感是禽流行性感冒的简称，本病被国际兽医局定为甲类传染病，通常称为真性鸡瘟或者欧洲鸡瘟。根据其致病性的不同，可以分为3种类型，即高致病性禽流感、低致病性禽流感和非致病性禽流感。其中高致病性禽流感的发病率和死亡率均最高。

1. 病原简介

禽流感病毒粒子通常呈球形，也可见丝状的。无论哪种外观，直径均在80～120纳米。病毒表面有纤突，即表面抗原，大小为10～12纳米。表面抗原有两种，即血凝素（HA）抗原和神经氨酸酶（NA）抗原。分别呈棒状三聚体和蘑菇形四聚体。目前已经发现有15种血凝素亚型和9种神经氨酸酶亚型。禽流感的病毒粒子的组成为RNA（0.8%～1.1%）、蛋白质（70%～75%）、脂质（20%～24%）和碳水化合物（5%～8%）。

2. 流行病学

本病传染源为发病禽类和带毒禽类，目前发现可以携带禽流感病毒的家禽主要是鸡，野禽主要是野鸡、水禽类和海鸟等。带毒禽类主要是候鸟，能将病毒扩散到各地。本病是水平传播，通过感染禽类传播给易感的禽类。是通过直接接触或者接触过污染物而感染，被病毒污染的羽毛和粪便是最重要的传染物。易感动物是多种禽类，人也可以感染一些类型的禽流感。禽流感多发生于天气寒冷潮湿的冬春季节，尤其是每年1～2月是本病的高发期。

3. 临床症状

鸡感染高致病性禽流感病毒后表现为迅速死亡，不表现出典型的临床症状。病程稍长的病鸡表现为鸡冠和肉髯发绀、伴随充血和出血情况。头部严重水肿。腿部出现不同程度的充血和出血，尤其是鳞片下出血严重。产蛋量下降。有呼吸道症状，严重时出现呼吸困难。有的病鸡出现头颈扭转、共济失调等神经症状。排黄绿色稀粪。低致病性禽流感临床症状和鸡的年龄、品种等有关，通常可表现出呼吸道和消化道症状。产软壳蛋（图7-1）和沙壳蛋。

图7-1　软壳蛋

4. 病理变化

高致病性禽流感表现为皮下、浆膜、黏膜、肌肉以及内脏等出血，尤其是腺胃黏膜、腺胃与肌胃交界处以及腺胃与食管交界部位均有出血带或出血点（斑），还表现为溃疡。内脏器官和肠道均有不同程度的出血。低致病性禽流感多表现为在呼吸道和生殖道内有大量的黏液性物质或干酪样物质，有时也可见出血。输卵管表现为软而易碎，卵泡肿大、出血（图7-2）。

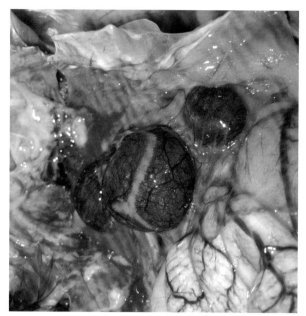

图7-2　卵泡肿大、出血

5. 防控研究

低致病性禽流感可以应用疫苗接种的方式进行预防。高致病性禽流感一旦被确诊，应当立即对疫区进行封锁，对疫区内所有的发病鸡和可疑鸡进行扑杀和焚烧，而后进行严格消毒，在通过一个最长潜伏期后如果未发现感染性病原，才可以解除封锁。

二、新城疫

新城疫是在1926年发生于英国纽卡斯尔埃佛顿和印度尼西亚爪哇的一种传染病，为了同其他副黏病毒相区别，就将这种病命名为新城疫。本病除大洋洲外广泛存在于各大洲。本病出现过三次大流行，给养禽业造成巨大的损失。

1. 病原简介

新城疫病毒（NDV）属于副黏病毒科副黏病毒亚科腮腺炎病毒属。病毒粒子通常呈圆形，外有囊膜，有时候囊膜会破裂，使得病毒粒子呈不规则形状。病毒粒子直径在100～250纳米。核酸为单链RNA，基因组编码6种蛋白，由15156个核苷酸组成。其中有两种蛋白和NDV的致病性具有相关性，分别是HN蛋白（神经氨酸酶）和F蛋白（融合蛋白）。

2. 流行病学

本病的传染源主要为发病鸡和隐性带毒鸡。此外，一些被病原污染的器具、动物甚至是人都可以传播本病。本病通过呼吸道和消化道传播，还可以通过外伤伤口、眼结膜以及交配传播。易感动物为各种易感禽类，尤其是幼禽，甚至10日龄以内的已经免疫的雏鸡也可以感染发病。本病毒还可以引起人感染，出现结膜炎和发热等，病程1～3周。本病在冬季发病率较高，尤其是每年1～2月。

3. 临床症状

本病的潜伏期为3～5天。潜伏期过后，出现典型的临床症状，分为速发型、中发型和缓发型。当鸡发生速发型新城疫时，就会表现出典型的临床症状。

（1）速发型　速发型新城疫分为两种，即速发嗜内脏型和速发嗜脑肺型。发病鸡通常无任何征兆而出现死亡。病程稍长的病鸡表现为精神不振、食欲下降、呼吸不畅，严重时呼吸困难，张口呼吸，嗜睡。嗉囊内常积有大量酸臭液体。粪便呈黄绿色或黄白色。而后出现神经症状，多见角弓反张，呈观星状（图7-3），还可见其他扭曲状。有的出现共济失调或者前冲和后退等。

（2）中发型　多引起鸡的呼吸道症状，也可能出现神经症状。以成年鸡的产蛋率下降表现得最为明显，通常可以持续数周。

（3）缓发型　通常不会引起成年鸡发病，雏鸡在感染后表现出

图7-3 病鸡角弓反张，呈观星状

较为严重的呼吸道症状。在感染LaSota毒株后出现并发感染也可以造成死亡。

4. 病理变化

典型新城疫病变可见在嗉囊内积聚液体，呈酸臭气味，在食管和腺胃乳头以及腺胃和肌胃交界处可见点状或带状出血（图7-4）。将肌胃角质层剥离后也会有出血点或者出血斑。肠道内可见有枣核样出血（图7-5），凸出表面。盲肠扁桃体有出血和肿大。非典型新城疫病变不明显，大多病变在喉头和气管黏膜，表现为充血和出血。肠黏膜出血。有的病鸡表现为在腺胃乳头有小的点状出血。

图7-4 腺胃和肌胃交界处点状或带状出血

图7-5　肠道内枣核样出血

5. 防控研究

本病的防控应当采用疫苗接种的方式。由于本病毒只有一种血清型，所以应用传统的疫苗接种免疫均能起到一定的效果。疫苗接种最好采取滴鼻、点眼（Ⅱ系和Ⅳ系）和肌内注射（Ⅰ系和Ⅳ系）的方式，采用饮水免疫的方式效果较差。在预防本病的同时还需要预防其他疫病，一旦本病继发或者混合感染其他疾病，均可造成严重后果。

三、传染性法氏囊病

传染性法氏囊病是一种危害雏鸡的病毒性传染病，具有急性和高度接触性等特征。最早是由Cosgrove在1962年报道，由于发病鸡表现为肾脏严重肿大，将其称为"禽肾病"。后由于其病症与肾型传染性支气管炎较为类似，一度被认为是肾型传染性支气管炎。后来才将本病区别开来命名为传染性法氏囊病。

1. 病原简介

传染性法氏囊病病毒为直径55～65纳米的20面体对称的球形，无囊膜，外有单层衣壳。病毒属于双RNA病毒科，禽双链RNA病毒属。基因组为双链RNA，分成A、B片段。A片段编码VP2～VP5，B片段编码VP1。本病毒有两种血清型，即血清1型和血清2型。后来发现血清1型有不同的亚型，血清2型对鸡和火鸡都没有致病性。抗原变异株可以突破标准株产生抗体，抗原变异主要是发生在VP2蛋白。病毒在环境中比较稳定，在60℃的温度中可以存活超过1小时。病毒对酸敏感，对碱不敏感。消毒剂可以应用甲醛、过氧化氢和复合碘。

2. 流行病学

本病的传染源为发病鸡和带毒鸡，这些鸡可以通过粪便持续向体外排毒。传播途径为直接接触传播，还可以通过被污染的饲料、饮水、器具和空气等进行间接传播。健康鸡通过呼吸道、消化道和结膜感染。易感动物为鸡和火鸡，但火鸡感染不发病。不同品种的鸡均有易感性，其中3～6周龄的鸡易感性最高。本病的发生没有明显的季节性和周期性，任何时候都可以感染发病。流行特点为传播快，感染性强，具有较高的感染率和发病率，发病急，病程短，发病后鸡群呈现尖峰式死亡，死亡率可达60%。现在不少国家发现有超强毒毒株，病鸡死亡率可达70%以上，我国也分离到超强毒毒株。

3. 临床症状

本病的潜伏期很短，通常只有1～3天。最早的症状为自啄泄殖腔。典型感染表现为食欲减退，精神不振，闭眼昏睡，有扎堆倾向。而后出现水样稀便，有时为白色黏稠状。常会将泄殖腔周围的羽毛污染。随着病程的延长，病鸡脱水、虚弱，最后死亡。由超强毒毒株感染引起鸡的临床症状更为严重。非典型感染多见于在老疫区或者是免疫过的鸡群，也可能是由弱毒毒株引起的感染，病鸡表现为精神不振，食欲下降，轻度腹泻症状。主要引起鸡群的免疫抑制。引起的死亡率较低，不超过3%。

4. 病理变化

特征性病变见于法氏囊水肿，体积增大（图7-6），内含较多黏液，重量也增加，有时可见出血，外观呈现紫葡萄样。发病5天后，法氏囊逐渐萎缩，内部黏膜表面有分布不均的点状或弥漫性出血，甚至可见干酪样物质。病鸡肾脏肿胀并有尿酸盐沉积，呈现出"花斑肾"。肌胃和腺胃交界处可见出血带，胸肌和腿部肌肉也可见出血。

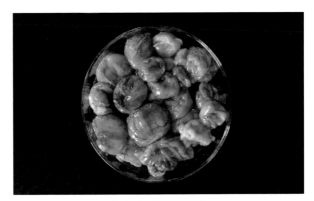

图7-6　法氏囊水肿

5. 防控研究

本病防控主要采用免疫接种的方法。尤其是要注重种鸡的免疫，这样在雏鸡出生后可以受到母源抗体的保护，通常具有1～3周的保护力。如果应用油佐剂疫苗加强免疫，被动免疫保护力可以达到4～5周。雏鸡受到母源抗体的保护，就需要通过抗体监测来确定最佳的免疫时间，免疫时间还和免疫途径及疫苗的毒力具有相关性。在疫苗接种的基础上，还需要通过加强饲养管理，避免接触病原，防止本病发生。

四、传染性支气管炎

传染性支气管炎是鸡发生的一种病毒性疾病，以急性、高度接触性为特征，主要引起呼吸道症状。本病发生于1930年，于1931年首次报道。20世纪40年代发病鸡表现为典型的呼吸道症状和产蛋下降，60年代发病鸡表现出肾脏病变。本病在世界各地均有分布，我国最早于1972年在广东发生本病，而后在其他地区也出现报道。

1. 病原简介

传染性支气管炎病毒属于冠状病毒科、冠状病毒属。病毒粒子呈多形性，但大多数为圆形，直径在80～120纳米。有囊膜，表面有棒状纤突。病毒的基因组为单股正链RNA。含有3种主要结构蛋白，即纤突（S）、膜糖蛋白（M）、核衣壳蛋白（N）。病毒能够在45℃存活90分钟，在56℃存活不足15分钟，在−30℃的环境中可以存活数年。

2. 流行病学

本病的传染源为发病鸡和带毒鸡。通过飞沫传播，还可以通过饲料和饮水等方式进行传播，健康鸡通过呼吸道和消化道感染。发病鸡在痊愈后仍然长期带毒，最长可以达到49天，而在35天内还具有传染性。本病的易感动物为鸡，不同年龄的鸡均可感染发病，尤以雏鸡发病严重。

3. 临床症状

本病的潜伏期通常在18～36小时，也可能会更长。在潜伏期过后，鸡开始出现呼吸道症状，表现为咳嗽、打喷嚏、呼吸不畅、张口伸颈、精神沉郁、食欲减退、双翅下垂。有的鸡出现流眼泪和黏性鼻液，消瘦。尤其是在4周龄以内的鸡表现明显。成年鸡呼吸道症状轻微，主要表现为产蛋量下降，蛋的质量降低，多见蛋壳软、粗糙，蛋清稀薄，蛋清和蛋黄分离。肾型毒株多发生在1月龄以内的鸡，鸡出现轻微呼吸道症状或者不出现呼吸道症状，下痢严重，迅速消瘦，死亡率可以高达30%。

4. 病理变化

在发病鸡的气管、鼻腔以及鼻窦中有渗出物，呈浆液性、卡他性或者干酪样。在死亡鸡的气管和支气管中常见有干酪样的栓子，还可能有小灶性肺炎。产蛋母鸡的卵泡有充血和出血的情况，还可见有卵泡变形。如果18日龄以内的雏鸡感染，可以导致输卵管发育异常，使得成熟后不能产蛋。肾型毒株感染后病变主要在肾脏，表现为肾脏外观呈现"花斑肾"（图7-7），肾脏肿大，切开后有石灰渣样物质。有时可见肾脏出现萎缩。肾小管和输尿管内有尿酸盐沉积，向外扩张。发病严重的鸡，内脏器官都可见有尿酸盐沉积。

图7-7 花斑肾

5. 防控研究

对本病的防控，应以疫苗接种为主。但由于本病原血清型较多，免疫效果不够理想。所以在接种前应当选用适合当地流行毒株的疫苗。通常M41型毒株对其他型具有交叉免疫力，因此常用M41型弱毒苗，如H120和H52。H120毒力弱，可用于雏鸡免疫，H52毒力相对较强，接种的鸡需超过20日龄。对肾型传染性支气管炎，接种Ma5疫苗。活苗接种通过滴鼻、点眼，也可应用喷雾和饮水的方式，但饮水和喷雾的方式不能获得一致免疫力。灭活苗通过肌内注射的方式进行免疫。本病的防控还需要加强饲养管理和环境管理，防止混合感染和继发感染，这对本病防控具有重要意义。本病没有特效治疗方法，可以通过提高营养水平，对症治疗，防止继发感染来控制。

五、传染性喉气管炎

传染性喉气管炎（ILT）是一种呼吸道传染病，由病毒引起，以咳嗽、咯出带血的渗出物、呼吸困难为特征。传播速度快，具有较高的死亡率。本病最初发生于1925年，1931年被命名为传染性喉气管炎。本病也是第一个研制出有效疫苗的禽病毒性传染病。本病在大多数国家均有发病报道，是危害鸡群的一种严重的传染性疾病。

1. 病原简介

传染性喉气管炎病毒属于疱疹病毒科 α 疱疹病毒亚科鸡疱疹病毒 1 型。病毒为近似立方体的粒子，直径为 195 ～ 250 纳米，病毒核衣壳呈六边形，20 面体对称。基因组为双链 DNA。病毒对热敏感，在 55℃ 的环境中仅能存活 10 ～ 15 分钟。在 37℃ 可存活 24 小时左右。病毒对消毒剂敏感，常用消毒剂如来苏儿、苛性钠等均能在 60 秒内将其杀死。

2. 流行病学

本病传染源为发病鸡和带毒鸡。是通过呼吸道传播，病鸡咯出的分泌物中含有大量病毒，可以感染健康鸡群。病鸡感染后可有 6 ～ 8 天向体外排毒，有部分鸡康复后也可长期带毒。接种活疫苗的鸡也可以长期排毒，成为本病的传染源。本病的易感动物为鸡，各年龄的鸡均有易感性，但成年鸡感染后症状典型。此外，孔雀和野鸡也可感染发病。本病在鸡群内的感染率可达 90%，病死率也可高达 70% 左右，尤其是高产的成年鸡病死率更高。

3. 临床症状

鸡在感染本病后表现为流涕、湿啰音，而后开始出现咳嗽和气喘，发病严重的鸡表现出呼吸困难，并咯出带有血样的黏液。有的病鸡窒息而死。通常病程为一周，也可更长。有些地区发生温和型的传染性喉气管炎表现为产蛋量下降，结膜炎和眶下窦肿胀，并有流泪、流涕和结膜出血。

4. 病理变化

病理变化集中在喉头和气管等处的黏膜有充血和出血的情况（图 7-8）。喉头黏膜出现肿胀并覆盖大量黏液，有时覆盖干酪样物质，严重时会堵塞气管。炎症还能影响肺脏和支气管，也可能会发展到气囊和眶下窦。温和型病变多见眶下窦和结膜处出现上皮出血水肿。

图7-8　喉头和气管处黏膜充血和出血

5. 防控研究

本病的防控应当采用的方法是隔离和消毒，对疫区进行封锁，避免存在污染风险的人员、器具、设备以及饲料等流动是防控本病的关键。疫苗接种和野毒感染都可以使鸡成为带毒鸡，向外排毒，因此不能将其和易感鸡群混合饲养。对于没有发生过本病的鸡场，尽量不使用活疫苗接种。疫苗接种时，对弱毒苗应采用滴鼻或点眼的方式，严格按照接种量接种。强毒苗可以采用涂抹泄殖腔黏膜的方式接种，在接种后4～5天出现黏膜水肿出血，表示达到免疫效果。通常灭活疫苗接种后效果不好。

六、马立克病

马立克病（MD）是由疱疹病毒引起的一种导致鸡淋巴组织增生的传染性疾病，具有较强的传染性。其是以外周神经、虹膜、性腺以及内脏器官、肌肉和皮肤等出现单发或多发单核细胞浸润为特征。最早于1907年被发现和记述。现在马立克病已经分布于世界上所有养禽的国家和地区。

1. 病原简介

马立克病病毒属于γ-疱疹病毒，α疱疹病毒亚科。病毒粒子直径为85～100纳米，外观呈六角形，病毒有囊膜，带囊膜的病毒直径为150～160纳米。病毒有3种血清型，其基因组为双链线状DNA，编码的基因有两大类，分别是α-疱疹病毒同类物和MDV独特的基因。游离病毒对环境的抵抗力较强，能在垫料和羽屑中保持4～8个月的感染力，如果在低温环境中（如4℃的环境下），病毒可以存活至少10年。

2. 流行病学

本病的传染源是发病鸡和带毒鸡，传播途径为气源性传播，通过直接接触和间接接触将病原传播。从病鸡羽囊上皮细胞中复制的病毒能够随着羽毛和皮屑的脱落而排出到周围环境中，这些病毒长期存在，保持有传染性。有的鸡看似健康也可能是持续的带毒状态，并不断排毒，所以鸡群很容易全群感染。易感动物为鸡，鹌鹑和火鸡也可以感染发病。不同品种的鸡均有易感性。雏鸡发生感染后具有较高的发病率和死亡率。而成年鸡感染后能够长期排毒，造成全群感染。

3. 临床症状

本病具有较长的潜伏期，潜伏期的长短与其受到病毒的毒力和感染途径以及感染量具有相关性，还与鸡的品种、性别和年龄具有相关性。通常在1日龄接种后到3～4周龄才会出现临床症状和病理变化。马立克病暴发后，病鸡最初表现为精神不振，而后出现神经症状，多是共济失调和单侧或双侧的肢体发生麻痹。病鸡会渐进性消瘦和脱水，最后出现昏迷和死亡。本病发生时特征性的病变是因病毒损伤神经，如果损伤到臂神经，病鸡表现为翅麻痹，坐骨神经损伤导致"劈叉"，颈部肌肉神经损伤导致头颈部歪斜，颈无力。迷走神经损伤导致气喘和嗉囊膨胀。也有的发病鸡表现为虹膜损伤，单侧或双侧虹膜色彩消失，鸡失明。

4. 病理变化

本病的病变多是对外周神经的损伤。使得神经横纹消失，神经变灰白，肿大变粗，通常是单侧出现。这些神经为腹腔神经丛、臂神经丛、坐骨神经丛和内脏大神经。内脏器官也出现严重病变，多见于卵巢、肝脏、脾脏、肾脏、心脏、肺脏、胃肠道和肠系膜中有大小不等的肿瘤，外观呈灰白色，有时还可见肿瘤弥漫性分布，使得器官肿大（图7-9）。有的病鸡因肝脏和脾脏过于肿大导致破裂形成内出血，而后死亡。肿瘤甚至可以出现在肌肉和皮肤等部位。

图7-9　器官肿大

5. 防控研究

本病的防控是采用疫苗接种的方式。用于生产疫苗的病毒有3种，即1型、2型、3型。3型的应用最为广泛。但1型苗的免疫效力最高。疫苗接种效果受到很多因素的影响，接种后产生免疫力需要1周，这段时间如感染，就能引起发病。其他一些能够引起免疫抑制的疾病也会干扰疫苗的效果。如传染性法氏囊病、强毒新城疫感染等。所以需要注重各种病原的防控，提高免疫次数，选育生产性能好的且具有抗病能力的鸡品种，可以对本病的防控起到积极作用。

七、鸡痘

痘病比较古老，在我国晋朝时就有葛洪做了天花的记载，到宋真宗年间就会接种人痘。世界卫生组织已经于1980年宣布人类已经在全世界消灭了天花，这是一项重大的成就。鸡痘是由禽痘病毒引起的一种传染性疾病。根据痘疹发病的位置，可以分为皮肤型和黏膜型。

1. 病原简介

鸡痘的病原为鸡痘病毒，属于痘病毒科、脊椎动物痘病毒亚科、禽痘病毒属的成员。病毒粒子呈椭圆形或者是砖形，大小在（200～390）纳米×（100～260）纳米，属于动物病毒中最大的。病毒基因组为单一分子的双链DNA。其对温度和湿度具有较高的抵抗力，能够在干燥的痂块中存活很长时间，甚至可以长达几年。但对消毒剂敏感，容易被氯制剂和乙醚等杀死。

2. 流行病学

发病禽是本病的传染源。通过痘痂的脱落将病原散布在周围环境中，还可以眼泪、鼻液和唾液为载体排出病原。通过受伤的皮肤和黏膜感染，不能通过健康的皮肤和黏膜感染，也不能通过口感染。本病是一种虫媒病，能够通过蚊子、蜱、螨、虱等吸血昆虫的吸血而传播本病。环境不良会加重病情，如鸡舍阴暗潮湿、鸡群营养不良等。一旦继发其他病原感染，可以造成鸡死亡率升高。本病一年四季均可发生，但以秋冬季节发病率较高，而且秋季和初冬时节多以皮肤型为主，而冬季多发黏膜型。

3. 临床症状

本病潜伏期为4～8天。发病后，不同型的鸡痘表现出的症状有所不同。鸡痘共分为四种类型，即皮肤型、黏膜型、混合型和败血型。

（1）皮肤型　多见于头部皮肤，表现在冠部、肉髯和眼皮以及喙角上有痘疹（图7-10），有时在腿、脚、翅和泄殖腔等部位形成痘疹。最初表现为灰白色的物质覆盖，呈麸皮样，而后长出结节，逐渐增大至豌豆大小，有时结节距离近、数量多，融合后形成大的痂块。在眼皮上就能导致眼睛不能睁开。雏鸡还表现为精神不振、食欲下降，最终死亡。产蛋鸡会表现为产蛋下降甚至停止产蛋。

图7-10　头部皮肤痘疹

（2）黏膜型　本型雏鸡发生较多，发生后具有较高的病死率，可以高达50%。发病初期，雏鸡表现为鼻炎，在2～3天后出现痘疹，口腔、咽喉内有大量痘疹（图7-11），最初为黄色圆形斑点，而后变为棕色痂块，不易剥落。病鸡出现采食困难，体重下降，精神不振，最后死亡。有的鸡痘疹出现在眼结膜、鼻腔内和眶下窦等部位。

图7-11　咽喉内黏膜痘疹

（3）混合型　本型是皮肤型和黏膜型混合发生的情况。

（4）败血型　本型极少见，发生后可见全身症状，而后迅速死亡，有时变为慢性腹泻，逐渐虚脱而死。

4. 病理变化

病理变化和症状相似。皮肤型的病变均在皮肤表面，黏膜型的可以在肠黏膜和肝脏、脾脏、肾脏等部位出现肿大和出血。有时在心肌部位可见有实质性变化。

5. 防控研究

本病的防控最有效的方法是疫苗接种。目前应用的鸡痘疫苗为鸡痘鹌鹑化弱毒疫苗。于6日龄、20日龄和1月龄进行鸡翅内刺种免疫。在刺种后7～10天出现红肿，而后产生痂皮。接种后免疫保护期为4个月。本病发生后要隔离病鸡，给予治疗或者淘汰。病鸡皮肤上的痘疹通常能自愈。也可以用1%的高锰酸钾清洗痘痂，剥离后涂抹碘酊，口腔内的也可处理。眼部病变的病鸡，可以将其中的干酪样物挤出后用2%的硼酸冲洗，最后滴入5%的蛋白银溶液。

八、减蛋综合征

减蛋综合征（Egg Drop Syndrome，1976，EDS-76）又称为产蛋下降综合征，于1976年由荷兰学者报道，并在病鸡体内分离到腺病毒。后在20多个国家都发生此病，我国于1991年在发病鸡群中也分离到腺病毒。病鸡表现为产薄壳蛋和无壳蛋，产蛋量下降。

1. 病原简介

本病的病原为禽腺病毒，属于禽腺病毒Ⅲ群，本群病毒仅有1个血清型。但可以分为3个基因型。病毒是由每个边都带有6个壳粒的三角面所组成，在每个顶点有一根纤突，长约25纳米。病毒的大小在76～80纳米。病毒的基因组为双股DNA病毒。本病毒对乙醚和氯仿等不敏感。在60℃的环境中可以存活30分钟左右，56℃的环境中可以存活超过3小时。

2. 流行病学

本病的传染源为发病鸡。本病是通过垂直传播和水平传播，其中垂直传播为主，水平传播通常较慢而且多为间断性传播。水平传播通常是通过不清洁的车运输饲料或者是未消毒的刀片和注射器等在带毒和健康鸡之间混合使用造成本病的传播。易感动物是鸡，鸭和鹅也是本病的自然宿主。不同品种的鸡对病毒的易感性有差异，其中产褐色蛋的母鸡易感性最高。不同年龄的鸡在感染后主要对26～32周龄的鸡形成侵害。35周龄及以上的鸡不发病。而雏鸡在感染后不出现症状，直到性成熟开始产蛋。

3. 临床症状

鸡在感染本病毒后不出现临床症状，主要表现为产蛋性能下降，通常可以下降20%以上，最高可以达到50%。而且产出的蛋颜色变淡，出现畸形蛋、沙壳蛋、软壳蛋、薄壳蛋（图7-12、图7-13）。病程通常为4～10周。

图7-12　软壳蛋　　　　　　　　　图7-13　薄壳蛋

4. 病理变化

本病不出现明显的病理变化，有的病鸡可见卵巢萎缩，在子宫和输卵管等部位的黏膜有炎性病变，偶有出血。输卵管腺体也可以出现水肿。

5. 防控研究

本病的防控要从根源抓起，由于本病主要是垂直传播，因此，避免从疫区引种。引进的种鸡要经过隔离观察并进行血凝试验确定为阴性，才可以混群饲养。鸡场的孵化室要严格消毒，防止病原侵袭。防控本病还可以通过免疫接种的方式。通常使用油佐剂灭活苗进行接种。鸡在110～130天接种，一周后可以产生抗体。鸡接种后保护力可以持续1年左右。

九、鸡心包积水综合征

鸡心包积水综合征（HPS）又称为安卡拉病。本病最早于1987年发生于巴基斯坦的安卡拉地区。随后迅速蔓延至周边一些国家。2015年，在我国山东、江苏和河南等省份出现发病报道。本病是由禽腺病毒4型引起的，特征性病变为发病鸡心包积液。

1. 病原简介

本病的病原为安卡拉病毒，其属于禽腺病毒科、禽腺病毒属的禽腺病毒4型（FAV-4）的双股DNA病毒。病毒粒子呈现二十面体对称结构，无囊膜，直径在70～90纳米。病毒在感染细胞核内排列成晶格状。病毒对常规消毒剂敏感，对除丙酮外的有机溶剂不敏感。对高温具有一定的耐受性，在56℃的温度下需要1小时才能死亡。

2. 流行病学

本病的传染源为发病家禽，主要为发病鸡。传播途径为水平传播和垂直传播，易感禽通过粪便引起器具和环境的污染，后将病原传播给健康禽。病原还可以通过种鸡经蛋传递给子代。本病的易感动物为多种禽，尤其是3～6周龄的肉鸡最易感，蛋鸡、鸭、鹅等也可以感染本病。不同品种的鸡感染后发病日龄有所不同，肉鸡多发生于1～6周龄，蛋鸡则多发生于3～12周龄。本病发生后死亡率在20%～80%，病程超过1周后，死亡率会下降。病程通常为9～15天。通常一年四季均可发生，但在冬季和早春等寒冷季节高发。而且饲养管理不当、卫生条件差、通风不良均为本病发生的诱因。

3. 临床症状

鸡在感染病原后通常有1～2天的潜伏期，潜伏期过后开始出现临床症状，生长良好的鸡最先发病，表现为精神不振，食欲下降，而后出现病鸡倒地双脚划水的症状。有的病鸡还表现腹泻，死亡率高，突然死亡。也有的鸡发病急，死亡迅速，不表现临床症状。

4. 病理变化

对病鸡进行剖检，可见心包内有大量积液，呈淡黄色，有时为胶冻样（图7-14、图7-15）。心脏肿大，心肌松弛。肺脏有水肿、出血和瘀血等病变。肝脏质脆，肿大、充血和表面有出血灶和坏死灶。有的病鸡剖检后可见肾脏肿胀，表面有尿酸盐沉积，颜色苍白。有时还可见胸腺和法氏囊出现不同程度的萎缩。在腺胃和肌胃的交界处会有出血斑，腺胃乳头也会有出血和糜烂。

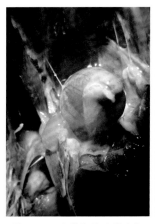

图7-14 淡黄色胶冻样心包积液

图7-15 心包积液

5. 防控研究

本病的防控以疫苗接种为主，目前可以应用灭活疫苗、弱毒疫苗和亚单位疫苗免疫。最常应用的为灭活疫苗。弱毒疫苗免疫后效果较好，但存在毒株毒力返强的风险。亚单位疫苗免疫效果最好，但目前没有成熟的疫苗。本病的预防还需要改善饲养管理条件，提升饲养管理水平，减少发病诱因。

对于发病鸡，没有特效药物，只能对症治疗，可以通过应用强心、利尿、保肝、防继发感染等药物来进行治疗。在发病早期，还可以应用特异性卵黄囊抗体的方法治疗，具有一定疗效。发病鸡群也可以通过注射高免血清或者高免抗体的方法治疗，也能起到一定疗效。采用中兽医理论，泻肝毒、护心、利水的方剂进行治疗也有一定效果。

第二节

鸡常见细菌性疾病

一、大肠杆菌病

大肠杆菌病是一种人畜共患病，病原为大肠埃希菌，俗称大肠杆菌。本菌于1885年被发现，最初认为是肠道的正常菌群，直到20世纪中期，才认识到部分血清型的大肠杆菌具有致病性，而且给畜牧业造成严重的损失。

1. 病原简介

本病的病原为大肠杆菌。大肠杆菌属于革兰阴性菌，不形成芽孢，大多数菌株有周身鞭毛，可以运动，菌体大小为（0.4～0.7）微米×（2～3）微米，菌体通常无荚膜，有的也可见有微荚膜。本菌为兼性厌氧，能在普通营养琼脂上良好生长，形成光滑、凸起、湿润的半透明菌落。在麦康凯和伊红美蓝琼脂上分别生长出红色和黑色带金属光泽的菌落。其对环境的抵抗力不强，但在培养物中可以存活数周，在水和土壤中能够存活数月。但在60℃的环境温度中，仅15分钟就死亡。常规的消毒药物均可以杀灭本菌。大肠杆菌对药物的敏感性下降，很多菌株具有多重耐药性。

2. 流行病学

传染源为发病动物和隐性带菌动物。本病是通过消化道和呼吸道感染，还可以通过种蛋蛋壳的缝隙感染胚胎。传染源通过粪便将病原排出体外，这些病原会对周围环境形成污染，包括水源、饲料、空气以及皮肤等，当易感动物接触到这些病原后就可能被感染。本病的易感动物为幼龄的畜和禽类。鸡发生典型的大肠杆菌病，出现气囊炎、心包炎和肝周炎，多在3～6周龄时。其他病变（如脐炎和输卵管炎以及腹膜炎等）发生于其他时期。本病一年四季均可发生，雏鸡的发病率可以高达60%，通常为30%～60%，病死率高达100%。

3. 临床症状

鸡在感染后潜伏期最长为3天。急性发病表现为体温上升，突然出现死亡。对慢性发病的病鸡，表现为精神不振，严重腹泻，粪便呈灰白色并在其中混杂有血液，最后出现抽搐和转圈而死亡。病程较长的可见有全眼球炎。成年鸡感染发病表现为关节炎，输卵管和腹膜出现炎症。

4. 病理变化

本病剖检后有多种病理变化。急性败血型病变为心外膜和心内膜有出血点，肠黏膜上有大量黏液，心包腔有积液，脾脏肿大，甚至可以达到数倍。气囊炎型表现为气囊变厚，在气囊、心包膜和肝脏被膜上均有纤维素性物质沉积（图7-16）。心包液增加，肝脏肿大、质脆，在肝脏被膜下有出血点和坏死灶。关节滑膜炎型可见关节部位肿胀，常见在膝关节和肩关节。滑膜囊内有渗出

图7-16　气囊炎型纤维素性物质沉积

物，呈灰白色或淡红色。关节周围组织出现水肿和充血。全眼球炎型表现为眼结膜充血和出血，在眼眶内有干酪样物质。输卵管和腹膜炎型，表现为输卵管增厚，管内有畸形卵，有时卵破裂，在腹腔内形成大量干酪样物质，病鸡出现混浊的腹水，腹膜也有灰白色渗出物。脐炎型是雏鸡脐部感染，脐带口出现炎症。肉芽肿型，是以肝脏、肠道内出现肉芽肿为特征，这些肿块为针尖至核桃大小。

5. 防控研究

急性病鸡通常来不及治疗就出现死亡，而慢性病鸡可以通过抗菌类药物进行治疗，如卡那霉素、丁胺卡那霉素、庆大霉素、强力霉素等，如果在应用前能够对分离菌进行药敏试验，用药更有针对性。治疗本病还可以应用一些活菌制剂调理肠道菌群，治疗鸡腹泻。也可以应用中药对本病进行治疗，常用的中药有金银花、黄连、乌梅、五味子、香附、黄芪等。本病的预防可以通过疫苗接种，包括灭活疫苗、亚单位疫苗和弱毒疫苗。在使用时要注意和本地流行株的血清型一致。还应当加强饲养管理，避免鸡群出现饥饿、过饱、饲料变质、气温变化过大等，尤其是雏鸡。

二、沙门菌病

沙门菌病是指由沙门菌引起的多种疾病的统称。沙门菌是为了纪念一位美国兽医师而命名的，这位兽医师叫丹尼尔·依·沙门。他在1885年从病猪体内分离到霍乱沙门菌。

1. 病原简介

本病的病原为沙门菌，属于肠杆菌科。经革兰染色为阴性，无芽孢和荚膜。菌体大小为（0.7～1.5）微米×（2.0～5.0）微米。鸡白痢沙门菌和鸡伤寒沙门菌无鞭毛，不能运动。其他沙门菌均生有鞭毛。沙门菌在普通营养琼脂上生长良好，需氧或者兼性厌氧。本属菌对环境具有抵抗力，尤其是对光照、干燥和腐败等。在外界条件下最长可以生存数月。其对消毒剂敏感，常规消毒剂均能将其杀死。由于长期使用抗生素导致沙门菌产生一定的耐药性。

2. 流行病学

本病的传染源是患病和带菌动物。传播途径为经过消化道感染，也可以通过公母交配或人工授精形成感染。传染源能够通过粪便、尿液、精液等向体外排出病原。当健康鸡接触到这些带有病原的物质时就可能被感染而引起发病。易感动物为各种动物和人，以幼龄动物的易感性最强，3周龄以内的雏鸡最易感。本病一年四季均可发生，不同动物发病季节倾向不同，鸡多发于育雏阶段，多为地方流行性。

3. 临床症状

鸡感染沙门菌后出现三种病症，即鸡白痢、禽伤寒和禽副伤寒。

（1）鸡白痢　通常具有4～5天的潜伏期，在潜伏期过后，出现症状，在鸡出壳后的14～21天为本病的发病高峰期。急性发病，不表现临床症状就出现死亡。病程稍缓可见病鸡精神不振，双翅下垂，闭眼昏睡，畏寒喜扎堆。后停食，嗉囊变软。排出白色粪便，常会污染肛门，影响排便造成病鸡疼痛。病鸡最后因呼吸困难和心衰而死。超过20日龄的雏鸡死亡率很低，常变为带菌鸡。成年鸡感染不发病，有时也可出现卵黄囊炎和腹膜炎，表现为"垂腹"。

（2）禽伤寒　潜伏期4～5天，成年鸡易感，病鸡突然停止采食，体温升高，排出黄绿色稀便。通常在5～10天出现死亡。病死率可达50%。雏鸡发病和鸡白痢类似。

（3）禽副伤寒　通常在孵化后的半个月之内发病，其中6～10天为发病高峰期。病死率一般在10%～20%，有时也可高达80%。病鸡呈败血症，迅速死亡。年龄较大的鸡表现为水样粪便。死亡率下降。

（4）病理变化

① 鸡白痢　急性死亡，病变不明显。病程长的病鸡可见在心肌、肺脏、肝脏和盲肠等部位出现坏死灶或者结节。盲肠中有干酪样物质，有时还可见血液。肺脏有结节，呈灰黄色，还会有灰色的肝样变。育成鸡的病变主要是肝脏肿大到原来的2～3倍。颜色为暗红色甚至为深紫色。在肝脏表面可见出血点或者黄白色坏死灶

（图7-17）。肝脏质脆易碎，表面常有凝血块。母鸡卵变形和腹膜炎。公鸡睾丸萎缩。

② 禽伤寒　病理变化和鸡白痢类似。成年鸡病变不明显，有时可见肝脏、脾脏和肾脏有充血肿胀。亚急性病变特征为肝脏呈青铜色，表面有粟粒大小的坏死灶（图7-18）。

③ 禽副伤寒　病变见肝脏、脾脏充血，有条纹状出血，肺脏和肾脏有出血，还可见出血性肠炎。成年鸡的肝脏、脾脏、肾脏有充血和出血情况。有的病鸡还表现为心包炎、腹膜炎和坏死性肠炎。卵巢和输卵管有坏死。

（5）防控研究　本病可以用疫苗预防禽副伤寒。本病最主要的防控是进行鸡群净化，及时将发病鸡和阳性鸡淘汰。提升饲养管理水平，提高鸡群的免疫力。还可以在饲料中添加一些抗生素，不仅能预防本病发生，还可以促进动物的生长发育。还要防止带菌种蛋的购进和孵化。

本病的治疗可以使用抗

图7-17　肝脏表面黄白色坏死灶

图7-18　肝脏青铜色，有粟粒大小坏死灶

生素，使用后能有效降低死亡率。常用的药物有磺胺类药物中的磺胺嘧啶、磺胺二甲基嘧啶等，呋喃类的呋喃西林、呋喃唑酮等，还可以应用氯霉素和金霉素等，均能降低病死率。

三、巴氏杆菌病

巴氏杆菌病是由多杀性巴氏杆菌引起的多种动物和人类感染的一类传染性疾病。急性发病的动物表现为败血症和炎性出血。鸡发生后称为禽霍乱。在18世纪后期，发生过几次大的流行，法国学者于1836年进行研究并首次命名为禽霍乱。本病在世界上大多数国家均有发生，多呈散发或流行性。

1. 病原简介

本病的病原为多杀性巴氏杆菌，是革兰阴性短小杆菌，有时呈链状或丝状，菌体大小为（0.2～0.4）微米×（0.6～2.5）微米。不能运动，不形成芽孢，有荚膜和菌毛。需氧或兼性厌氧。使用美蓝或吉姆萨染色后呈两极浓染的短杆菌，但在陈旧或继代培养的菌体染色后这种情况不明显。根据抗原成分的差异，可以将本菌分为多个血清型。

2. 流行病学

本病的传染源多为慢性感染的禽类。传播途径为口腔、鼻腔和眼睛的结膜，也可以通过消化道和一些吸血昆虫的吸血而传播。发病禽类能够将病原以分泌物和排泄物的方式排出。这些病原会对饮水、饲料以及器具等形成污染。当易感禽类接触到这些被病原污染的物质后，就可能被感染。畜禽之间的病原通常不互相传播。本病发生通常没有明显的季节性，发病多呈散发。通常在天气变化剧烈、潮湿多雨的季节发病率有所上升。

3. 临床症状

本病感染后潜伏期为2～9天。根据发病的快慢，可以分为三种类型，即最急性型、急性型和慢性型。

（1）最急性型　最急性型的病鸡通常仅表现短暂的精神不振，

而后迅速倒地抽搐、挣扎，最后死亡，病程为数分钟至数小时。

（2）急性型　本型最常见，病鸡会出现体温升高，常可以达到43～44℃。食欲下降，饮欲上升，腹泻并排出黄色稀便。病鸡有时可见呼吸不畅，严重时呼吸困难。在口腔和鼻腔内有大量分泌物。鸡冠和肉髯肿胀，外观呈青紫色。最后因昏迷和衰竭而死亡，病程为几个小时到几天不等。病死率较高。

（3）慢性型　本型多是由急性型转化而来，多见于疾病流行的后期，表现为慢性肺炎、慢性呼吸道炎以及慢性胃肠炎等。通常呈单侧或双侧肉髯肿大，内有脓性干酪样物质，严重的会导致脱落。有的病鸡出现关节肿大，行走时疼痛，出现跛行。病程常会超过1个月。

4.病理变化

对发病鸡进行剖检，不同型的病鸡剖检症状有所不同。

（1）最急性型　通常不表现出病理变化，有时可见在心外膜上有出血点。

（2）急性型　病变具有特征性，在病鸡的皮下组织以及腹膜下有点状出血。心包膜增厚，心包积液，积液多不透明，有时为絮状液体。心包膜和心冠状脂肪出血明显。肺脏有充血和出血。肝脏的病变为本病的特征性病变，表现为肝脏肿大、质脆，外观呈棕黄色或棕色。在肝脏表面有大量灰白色坏死灶和出血点，针尖大小（图7-19）。肌胃有明显出血，十二指肠有卡他性炎症，肠道内常充盈血液。

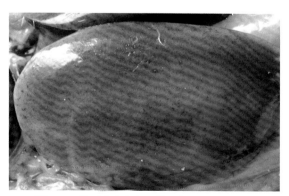

图7-19　肝脏灰白色坏死灶和针尖大小出血点

（3）慢性型　本型病变以损害器官不同而有差异。呼吸道症状多出现在鼻腔和鼻窦内有黏性分泌物。以关节炎和腱鞘炎为主的病鸡，表现为关节内有炎性渗出物，还可见有干酪样坏死。母鸡有卵巢出血，并在卵巢周边有黄色干酪样物质，还沉积在其他内脏表面。

5. 防控研究

禽霍乱的预防可以应用疫苗，通常有两种疫苗，即G190E40弱毒苗和禽霍乱油乳剂苗。弱毒苗的免疫时间为3个月，油乳剂苗的免疫期可以达到6个月。做好疫苗接种的同时要减少病原的传入，防止外来禽和养殖场的鸡群接触，养殖场内要常消毒。

发生本病可以应用药物进行治疗，但用药后的效果不确定，这主要取决于治疗的时间是否及时，以及抗菌药物的选用是否得当，多杀性巴氏杆菌对不同的药物敏感性不同。磺胺类药物能够抑制病原菌，可以用来预防感染，降低病死率。有效的磺胺类药物有磺胺甲基嘧啶、磺胺喹噁啉、磺胺二甲基嘧啶等。但磺胺类药物会对鸡有一定的毒性作用。青霉素与链霉素混合使用、金霉素、土霉素、新生霉素和红霉素也均可降低病鸡死亡率。

四、葡萄球菌病

葡萄球菌能够引起多种动物和人的传染性疾病。其感染后引起皮肤化脓，严重的可以引起菌血症和败血症，损伤内脏器官。本病最早被人们发现是在一百年以前，报道发生关节炎和滑膜炎。与家禽相关的葡萄球菌和葡萄球菌病如今已经在世界很多国家被发现和报道，其中包括中国。

1. 病原简介

葡萄球菌属于微球菌科葡萄球菌属。在葡萄球菌属中，金黄色葡萄球菌是唯一能够让家禽致病的葡萄球菌种。葡萄球菌经革兰染色后呈阳性，外形为球形，不形成荚膜和芽孢，也不生有鞭毛。常呈葡萄串样排列。但在脓汁或液体培养后呈短链状或双球状。其为需氧或者兼性厌氧菌，能够在普通培养基上良好生长。本菌对环境具有较强的抵抗力，在干燥的脓血中可以存活几个月，其对热耐受，需要在80℃的温度下30分钟才能被杀死。

2. 流行病学

本病的传染源为带菌动物以及带菌环境。由于本菌的分布广泛，在空气、水源和土壤中均有可能存在本病原体，而且动物和人的呼吸道也常带菌。本菌可以通过各种途径传播，通常通过破损的皮肤和黏膜感染是最主要的途径。葡萄球菌对多种动物和人均有易感性，各年龄的鸡均可发病。

3. 临床症状

鸡在感染金黄色葡萄球菌后通常潜伏期很短，主要表现为3种类型的临床症状，分别是急性败血症、关节炎和脐炎，还有病鸡发生眼炎。

（1）急性败血症　本型多发生于40～60日龄的雏鸡，病程短，临床表现为在翅下以及皮下组织出现不同程度的水肿，而后扩展到胸腹部以及股内侧。外观呈紫黑色，皮肤被毛脱落，有时皮肤破溃，流出带有恶臭味的血水。有的鸡体表有出血灶和炎性坏死，结痂后呈黑紫色。

（2）关节炎　表现为关节肿大，外观呈紫黑色（图7-20），以趾关节和距关节处最为常见。

图7-20　关节肿大呈紫黑色

（3）脐炎　表现为雏鸡的脐孔出现肿大和发炎，有时还有液体流出，呈暗红色或黄色。病程稍长时，液体变为干涸坏死。

4. 病理变化

不同型的病鸡出现的病理变化也不同。

（1）急性败血症　肝脏、脾脏、肾脏和肺脏出现不同程度的充血和坏死。

（2）关节炎　在关节腔内含有干酪样物质或血样浆液。

（3）脐炎　卵黄囊增大，其中含有的内容物颜色异常，黏稠度也异常。

5. 防控研究

本病的预防首先要减少外伤，这就需要清除环境中的尖锐物体，而后要控制发病动物。有鸡发病时应当分离病原进行药敏试验，找出敏感药物进行治疗。当前较为敏感的药物有异噁唑类青霉素，此外还有庆大霉素和卡那霉素等。养殖场地要常消毒，减少环境中的金黄色葡萄球菌。被污染的器具等需要彻底清洗和消毒。

五、传染性鼻炎

传染性鼻炎是由副鸡嗜血杆菌引起的一种急性呼吸道疾病。可以引起育成鸡发育不良和产蛋期的鸡产蛋下降的情况。本病在1920年就被发现，直到1932年才由DeBlieck分离到病原并命名。本病现在在世界各地均有分布。

1. 病原简介

本病的病原为副鸡嗜血杆菌，菌体均有多形性，幼龄培养物为短小球杆菌，呈革兰阴性，两极浓染。菌体不形成荚膜和芽孢，也不生有鞭毛，兼性厌氧，其生长需要含有5%的CO_2。其对营养要求较高，生长需要V因子。通常在巧克力琼脂和鲜血琼脂上生长良好，生长24小时后形成的菌落呈滴露样，不溶血。由于葡萄球菌的生长可以产生V因子，可以通过交叉划线来培养本菌，在葡萄球菌附近可以生长出本菌。副鸡嗜血杆菌对环境的抵抗力较弱，在培养基上培养出的病原菌在4℃的条件下保存可以存活2周。其对温度敏感，在45℃的条件下仅能存活6分钟，但通过冻干的方式可以储存10年。

2. 流行病学

本病的传染源是发病鸡和带菌鸡，尤其是慢性发病鸡以及隐形带菌鸡是本病的重要传染源。本病的传播途径为呼吸道传播，也可以通过消化道进行传播。传染源将带有病原菌的分泌物和粪便等排出体外，这些物质中携带的病原菌能够污染饲料、饮水以及空气等。导致易感动物感染本病。易感动物为鸡，各年龄的鸡均有易感性，1月龄至3岁的鸡最易感，尤其是老龄鸡易感性更高。本病的发生具有一定季节性，在秋冬季节发病率较高，传播快。本病的发生还常与饲养管理相关，拥挤和通风不良、寒冷潮湿的环境均可诱发。

3. 临床症状

本病的潜伏期短，通常只有1～3天。病鸡最典型的症状为鼻道和鼻窦内有大量分泌物，呈浆液性或者黏液性。还表现出结膜炎和面部水肿（图7-21）。公鸡发病表现为肉髯肿胀。有时可以听到啰音。病鸡采食量和饮水量下降。还出现不断摇头的症状，会将呼吸道内的黏液甩出。有时不能排出导致窒息死亡。病程通常4～8天。如果强毒株感染时，具有较高的发病率，但死亡率较低。

图7-21　结膜炎和面部水肿

4.病理变化

病变集中在面部，表现为鼻腔内黏膜和窦黏膜均会出现卡他性炎症。可见黏膜有充血情况，在其表面覆盖黏液。有时在鼻窦内为干酪样物质。结膜充血肿胀，肉髯皮下水肿，有时整个面部均出现水肿。严重病鸡可以出现肺炎及气囊炎，卵泡出现变性、坏死和萎缩的情况。

5.防控研究

鸡舍内氨气含量过大是发生本病的重要因素，需要进行通风换气，降低氨气浓度。人员流动是病原重要的机械携带方式和传播方式，鸡场工作人员应严格执行更衣、洗澡、换鞋等防疫制度。因工作需要而必须多个人员入舍时，当工作结束后立即进行带鸡消毒。鸡舍尤其是病鸡舍是个大污染场所，因此必须十分注意鸡舍的清洗和消毒。

本病可以进行免疫接种。使用鸡传染性鼻炎油佐剂灭活苗，本菌苗对不同地区、不同品种、不同日龄的鸡群应用是安全的，对鸡群生产性能无影响。免疫后能获得满意的效果。该疫苗的免疫程序一般是在鸡只25～30日龄时进行首免，120日龄左右进行第二次免疫，可保护整个产蛋期。仅在中鸡时进行免疫，免疫期为6个月。

副鸡嗜血杆菌对磺胺类药物非常敏感，是治疗本病的首选药物。一般用复方新诺明或磺胺增效剂与其他磺胺类药物合用，或用2～3种磺胺类药物组成的联磺制剂均能取得较明显效果。还可以选用抗生素，如将链霉素或青霉素、链霉素合并应用，红霉素、土霉素及喹诺酮类药物也是常用治疗药物。

六、坏死性肠炎

坏死性肠炎又称为肠毒血症，是由魏氏梭菌引起的一种以肠道病变为主的疾病。本病在1961年首次被发现，而后在世界大多数国家和地区均发现有类似的病例。还从鸵鸟体内分离到病原。

1.病原简介

本病的病原为A型或C型魏氏梭菌。这两种菌均能够产生α毒素，C型还可以产生β毒素。通常在病鸡体内分离到。魏氏梭菌可以在鲜血琼脂平板上培养，并在平板上能够形成两个溶血环，里环完全溶血，而外环不完全溶血。经过涂片镜检可见革兰阳性菌，菌体中等长度或者略短，不形成芽孢。

2. 流行病学

本病的传染源为受到病原污染的饲料和垫料。传播途径是消化道。易感动物为鸡，不同品种和年龄的鸡均可感染发病，尤其是育雏和育成的平养鸡多发。通常发病年龄集中在2周龄到6月龄，肉鸡多发生于2～8周龄。本病的发生没有明显的季节性，一年四季均可发生，但在天气炎热和潮湿的季节发病率会有所升高，多见于夏季。通常本病的死亡率在1%左右，发病严重的病鸡可以达到2%，甚至超过2%。

3. 临床症状

发病鸡精神沉郁，食欲不振，喜静，羽毛松乱，有不同程度的腹泻，病鸡排出黄白色稀便，有时变为暗红色或褐色粪便，呈焦油样。常在粪便中可以见到血液和结膜组织。发病后病程比较短，常会在短时间内出现急性死亡。

4. 病理变化

本病的病变多见于小肠内，尤其是在小肠的空肠段和回肠段。有时还可见盲肠病变。病鸡的小肠内充满气体，质脆，易碎，在肠黏膜上有黄色、绿色伪膜，有的伪膜容易剥离。本病的特征性病变为肠黏膜严重坏死（图7-22），在坏死灶表面有大量纤维素性物质

图7-22　肠黏膜严重坏死

以及组织细胞的碎片。随着病程的延长，坏死从黏膜向内侵蚀，一直会侵蚀到黏膜下层和肌肉层。肠道扩展肿大，常可以达到正常大小的 2 ～ 3 倍。肠管变短，肠壁变薄。

5. 防控研究

本病的预防可以通过在饲料中添加一些抗生素，常见的有泰乐菌素、青霉素、杆菌肽等。对于发病鸡，也需要应用抗菌药物进行治疗，常规使用的药物有林可霉素、土霉素、青霉素、泰乐菌素、庆大霉素和卡那霉素等。由于魏氏梭菌很容易产生耐药性，对发病鸡要迅速治疗，减少耐药，减少经济损失。如果在用药前能够进行病原分离培养，并进行药敏试验，选用高敏的药物进行治疗，可以获得更好的治疗效果。由于本病容易与鸡球虫病混合感染，因此在治疗过程中需要添加一些抗球虫药来辅助治疗。

第三节
鸡常见寄生虫病

一、球虫病

球虫病是在养殖过程中最常见的一种寄生虫病。是由艾美尔球虫属的 9 种球虫引起的一类疾病的统称。本病发生后可以导致大量鸡表现出一系列临床症状，最后出现死亡，给养鸡场造成严重损失。

1. 病原简介

本病的病原为艾美尔球虫，其属于顶复动物亚门、孢子纲、球虫亚纲、真球虫目、艾美尔球虫亚目、艾美尔科、艾美尔球虫属的成员。主要病原有 9 种：柔嫩艾美尔球虫、毒害艾美尔球虫、巨型艾美尔球虫、堆型艾美尔球虫、和缓艾美尔球虫、早熟艾美尔球虫、哈氏艾美尔球虫、布氏艾美尔球虫以及变位艾美尔球虫。其中柔嫩艾美尔球虫具有最强的毒力，而毒害艾美尔球虫具有明显的致

高效养鸡全彩图解＋视频示范

病性。

（1）柔嫩艾美尔球虫　本类球虫卵囊为宽的卵圆形，具有光滑的壁，没有卵膜孔和卵囊余体。具有1个极粒。主要寄生在盲肠，有7天左右的潜伏期。这是致病力最强的一种球虫，尤其是在第二代裂殖时期，第二代裂殖体在感染后的第4天开始成熟。

（2）毒害艾美尔球虫　本类球虫的孢子化卵囊为卵圆形，具有光滑的壁，卵囊大小约20.4微米×17.2微米。没有胚孔和卵囊余体，内含一个极粒。主要寄生在小肠中段，具有6～7天的潜伏期。多见于年龄较大的鸡发病，尤其是处于9～14周龄的鸡。

2. 流行病学

本病的传染源为发病鸡和带有球虫的鸡。传播是通过感染鸡随粪便排出卵囊，这些卵囊经过孢子化后就发育成为具有感染力的卵囊，会对周围环境形成污染，可以随着动物和昆虫等进行机械性传播，人员的走动也会传播本病。易感动物为鸡，不同日龄和品种的鸡均有易感性，但通常产蛋鸡和种鸡的球虫病很少发生，刚孵出的雏鸡易感性很低。卵囊在适宜的温度下可以存活较长时间，可以达到数周。但在高温和低温中很快死亡，因此本病多发生在天气潮湿的季节。

3. 临床症状

（1）柔嫩艾美尔球虫　病鸡精神不振，体重不断下降，粪便中排出带血样的粪便。

（2）毒害艾美尔球虫　病鸡体重下降，在粪便中常带有血液或者大量黏液。鸡在感染球虫后还常常出现继发感染，导致病鸡死亡。本球虫具有非常强的致病力，病鸡的死亡率可以超过25%，严重时可以达到100%。

4. 病理变化

（1）柔嫩艾美尔球虫　病变可见盲肠肿大严重，在肠腔中含有大量的凝血和黏膜的碎片（图7-23）。在感染后的1周，盲肠内的物

图7-23 盲肠肿大

质形成使得肠芯变得硬而干燥，最终通过粪便排出。

（2）毒害艾美尔球虫　小肠气肿，肠黏膜增厚，在肠道内充满血液和组织碎片，还含有一些组织液。但感染严重时，病变可以扩展到整个小肠段。

5. 防控研究

通常使用抗球虫药物来进行预防，不同的抗球虫药物的作用机制不同，而且一种药物针对一种或者几种球虫有效，而对其他球虫效果不理想。几乎没有一种药物能够对所有球虫均有效。有些药物能够杀死球虫，而有些药物仅能抑制球虫生长。通常杀球虫药物比抑制球虫生长的药物更有效。由于球虫能产生抗药性，因此需要对药物进行轮换，通常在春季和秋季进行轮换。预防本病还可以应用疫苗，常见的疫苗有强毒苗和弱毒苗。治疗本病的常用药物有尼卡巴嗪、氯苯胍、氨丙啉、盐霉素和马杜拉霉素等。

二、组织滴虫病

组织滴虫病常会被称为盲肠肝炎或者黑头病。本病发生后主要危害鸡的盲肠和肝脏，也可以在病鸡的法氏囊、脾脏和肾脏中发现本病原。组织滴虫病对鸡的危害不严重，主要影响母种鸡的产蛋量。1895年首次发生于火鸡，其致病性在1964～1967年得到阐述。而且本病的发生与细菌或球虫的联合具有相关性。

1. 病原简介

本病的病原为火鸡组织滴虫，属于阿米巴类鞭毛虫原虫。病原分为两个阶段，非阿米巴阶段的组织滴虫呈圆形，处于阿米巴阶段的组织滴虫具有多形性。基体呈现V形结构，在细胞核的前面，细胞核呈球形或卵圆形，大小约为2.2微米×1.7微米。火鸡组织滴虫可以引起鸡黑头病，但并不是引起黑头病的唯一病原，毛滴虫和真菌也可以引起黑头病，在临床上应加以区别。

2. 流行病学

本病的传染源为携带火鸡组织滴虫的异刺线虫或者是一些节肢动物。传播途径是间接感染，病原会随着异刺线虫的感染而感染。异刺线虫为火鸡组织滴虫的中间宿主。而易感动物为许多禽类，如鸡、火鸡、鹧鸪等。感染后的死亡率和感染方式以及感染量具有相关性，通常死亡率较低，也有个别鸡场死亡率超过30%。

3. 临床症状

在发病早期病鸡出现双翅下垂，缩头闭眼，食欲下降。有的头部发绀，即黑头。有的病鸡出现硫黄色粪便或者在盲肠粪便中带有一些血液，还可见有盲肠的肠芯。有时症状和盲肠球虫病极为相似。成年鸡通常不表现临床症状。

4. 病理变化

本病的病变主要发生在盲肠和肝脏内，可以引起盲肠炎和肝炎。通常单侧盲肠病变表现为肠壁的增厚和充血，在肠道内充满浆液和血液。这些渗出物会成为干酪样的肠芯。有时肠壁溃疡和穿孔，引起腹膜炎。而后会有肝脏肿大，在肝脏表面有黄色或黄绿色的圆形下陷的病灶，下陷的病灶会围绕着一个呈同心圆的边界，边缘隆起（图7-24）。成年鸡的肝脏坏死融合成片，形成很大面积的病变区。也有少量病鸡会出现脾脏、肾脏和法氏囊的病变。

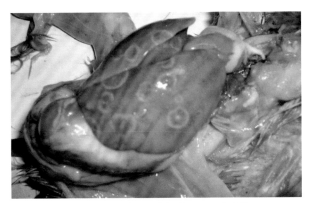

图7-24　肝脏表面黄色的圆形下陷病灶

5. 防控研究

本病的预防可以应用硝苯胂酸，能起到一定的预防作用。治疗可以使用硝基咪唑类药物，如二甲硝咪唑、异丙硝唑等。

三、鸡虱

鸡虱也叫鸡羽虱，是蛋鸡和种鸡群的一种体外寄生虫，其以干燥的皮肤和羽毛为食物。

1. 病原简介

鸡虱属于节肢动物门昆虫纲虱目食毛亚目。本亚目的昆虫多数寄生于禽类羽毛上，称为羽虱。其特征为体长在0.5～1毫米，呈扁平状，扁而宽，也有的呈细长状，没有翅。头部略宽于胸部，呈钝圆状。在头部的侧面有一对触角。头上长有咀嚼式口器。鸡虱的胸部可分为三段，即前胸、中胸和后胸等。中胸和后胸常有不同程度的愈合，在每段胸节上长有1对粗短足，爪不发达。腹部可分为11节，最后几节常变成生殖器。在鸡体上常见的有5种羽虱，分别是长角羽虱科的广幅长羽虱、鸡翅长羽虱、鸡圆羽虱、大角羽虱和短角羽虱科的鸡羽虱。

2. 流行病学

不同的羽虱均有不同的宿主，具有明显的宿主特异性。寄生部位也不相同。本病是通过动物之间的直接接触传播，还可以通过器具的混用而传播。

3.临床症状

鸡发生本病后表现为皮肤瘙痒、精神不振、食欲下降，常会啄食寄生部位，导致这个部位出现脱毛（图7-25）。严重的可以使幼鸡死亡，生长期的鸡发育受阻，蛋鸡的产蛋量下降。

4.病理变化

本病通常无内脏病变。

图7-25　鸡虱寄生部位脱毛

5.防控研究

对本病的防控主要是进行灭虱。对于肉鸡，应当在肉鸡出栏后，对整个禽舍内进行灭虱，包括对墙壁、器具等。灭虱用的药物有5%甲萘威和其他除虫菊酯类药物。对于蛋鸡，可以在饲养场内设置沙浴箱，在沙浴箱内放置含有10%的硫黄粉或4%的马拉硫磷粉。

四、鸡螨

鸡螨是危害养鸡业的一种非常重要的体外寄生虫病，其寄生不仅可导致鸡出现贫血，还能够传播多种疾病，常见的有鸡痘、新城疫和大肠杆菌病等。

1.病原简介

鸡螨属于节肢动物门、蛛形纲、蜱螨目、中气门亚目、刺皮螨科的成员。虫体呈长的椭圆形，后面宽于前面，虫体呈棕灰色或者淡红色，颜色和吸血量有相关性。雌虫长0.72～0.75毫米，宽0.4毫米。但雌虫吸饱血之后长度会进一步变长，可以达到1.5毫米左右。雄虫长约0.6毫米，宽约0.32毫米。有刺吸式口器。鸡螨有四对足，足上有吸盘。其发育过程包括卵期、幼虫期、两个若虫期和成虫期四个阶段。

2. 流行病学

鸡螨广泛存在于鸡舍中，尤其是在气候温暖的地区，有栖架的鸡舍中尤其严重。在笼养鸡中少见，但在肉用种禽场比较常见。本病最易感的动物是鸡，也可以感染火鸡、鸽子和金丝雀等。发病没有明显的季节性，只要在适宜的温度下，一年四季均可发生。

3. 临床症状

被寄生后的鸡表现为严重瘙痒，食欲下降，逐渐出现贫血，最终衰竭。处于产蛋期的病鸡还可见产蛋量下降。有时被感染的鸡还会发生其他疾病，如鸡痘、新城疫、禽霍乱以及脑炎病毒等。螨虫寄生有全身性，寄生在鸡的腿、腹、胸、翅膀内侧、头、颈、背等处（图7-26），吸食鸡体血液和组织液，并分泌毒素引发鸡皮肤红肿、损伤继发炎症，反复侵袭、骚扰引起鸡不安，影响采食和休息，导致鸡体消瘦、贫血、生长缓慢。

图7-26　鸡螨寄生

4. 病理变化

本病通常无内脏病变。

5. 防控研究

本病防控需要经常打扫鸡舍，可以清除环境中的虫卵和虫体。

对于体表的鸡螨，可以应用药物来进行驱杀，常用的药物有倍硫磷、溴氰菊酯等，将药物配制成药液对鸡体表喷洒，而后对鸡舍也要进行喷洒。

五、鸡蛔虫病

鸡蛔虫病是由鸡蛔虫寄生在鸡小肠内所引起的一种线虫病。本病在世界范围内广泛分布，在我国各地也均有报道，是危害养鸡业的一种重要的寄生虫病。尤其是对雏鸡的危害非常严重，可以引起大量雏鸡死亡。

1. 病原简介

鸡蛔虫是在鸡体内寄生的最大的一种线虫，外观呈黄白色圆筒状，在体表的角质层上有横纹，口孔位于体前，在口孔周围有3个唇片。口孔与食管相连，在食管前方约1/4处有神经环。在神经环后的体腹侧有排泄孔。雌虫长65～110毫米，肛门位于虫体的亚末端，而阴门位于虫体中部。雄虫长26～70毫米，在尾端有尾翼和尾乳突。还有一个泄殖孔前吸盘，呈圆形或者椭圆形。虫卵通常为椭圆形，颜色深灰，大小为（70～90）微米×（47～51）微米。卵壳厚且光滑，内含有单个胚细胞。

2. 流行病学

本病的传染源为发病鸡和带虫鸡。是通过消化道感染，当健康鸡采食或者饮用了含有虫卵的饲料、饮水或者采食蚯蚓后均能感染。易感动物为家禽类，如鸡、鸽子、鸭、鹅等。但鸡的易感性最高，各年龄的鸡均能感染本病，尤其是3～4月龄的鸡最易感，感染后病情也最重。1年以上的鸡感染后多成为带虫者，通常平养或者散养鸡发病率高。而且饲料营养全面时，尤其是维生素和动物性蛋白质含量充足时，发病率较低。蛔虫卵对环境有较强的抵抗力，可在土壤中存活超过6个月。在干燥和高温的条件下，虫卵容易失活。

3. 临床症状

病鸡精神不振，食欲下降，缩头呆立，双翅下垂，可视黏膜苍白，常出现腹泻和便秘交替的情况，在鸡的粪便中常含有血液，发病严重的病鸡由衰弱而出现死亡。成年鸡通常不表现临床症状，但感染严重时可见贫血和腹泻。产蛋鸡出现产蛋量下降。

4. 病理变化

肠道黏膜和绒毛被破坏，引起病鸡卡他性或出血性肠炎。在肠壁上还可见有颗粒性的化脓灶或者结节。在肠道内还可见大量虫体聚集（图7-27），缠结成团，发生肠阻塞，甚至可以导致肠道破裂，导致病鸡出现死亡。虫体的代谢产物可以引起鸡慢性中毒，使得雏鸡生长发育迟缓，蛋鸡产蛋量下降。

图7-27　肠道内蛔虫寄生

5. 防控研究

养鸡场需要定期进行驱虫工作，每年应当驱虫2～3次，初次在雏鸡2月龄，第二次在秋冬季节。还应当加强饲养管理，尤其是饲料营养全面（如维生素A、B族维生素等），增强对本病的抵抗力。通过清洁和消毒及时消除环境中的虫卵。

本病的治疗可使用驱虫药物，常用驱除鸡蛔虫的药物有左旋咪唑、丙硫咪唑、芬苯达唑和哌嗪等。

第四节

鸡常见普通病

一、啄癖

啄癖通常是指在鸡群中出现的相互啄食的现象，不仅能够形成创伤，严重的可以引起死亡。啄癖通常是指啄羽、啄肛和啄趾等恶癖的统称，以笼养鸡较为常见。

1. 发病原因

本病的发病原因还不很明确，但研究表明，本病的发生与一些因素具有相关性。

① 啄羽与蛋鸡的品系有关，通常地中海轻型产蛋鸡要比美洲和亚洲重型产蛋鸡更易发生啄羽。褐色杂交鸡要比白色蛋鸡更易发生啄羽，啄羽与羽毛色素有关。

② 啄羽还与恐惧相关，与性成熟早期、生长速度加快、骨骼发育无力等相关。产蛋量的增加也会导致啄癖，这可能与激素分泌具有相关性。

③ 饲喂颗粒性饲料、饲养密度过大、营养不良、矿物质缺乏（钙、磷比例不当，缺乏硒、锌、铜、铁等）、体外寄生虫等也可以引起啄癖，强光照射也可诱发本病。

④ 啄癖多发生在同一鸡笼的鸡或者临近鸡笼的鸡，具有一定的模仿性。

⑤ 氨基酸缺乏，多见于蛋氨酸、甘氨酸、胱氨酸和精氨酸等缺乏。或者氨基酸比例不均衡。维生素缺乏，粗纤维含量不足。

⑥ 传染性法氏囊病早期、鸡白痢早期均可以导致啄癖。

⑦ 通风不良，舍内氨气、硫化氢以及二氧化碳等气体浓度过大。

⑧ 凡是能够引起鸡群出现出血的情况均能够引起啄癖。

⑨ 采食和饮水量不足。

2.临床症状

被啄肛鸡表现为肛门出血、破溃，肛门周围被毛脱落（图7-28）。被啄羽鸡表现为被啄部位羽毛脱落，皮肤破溃。被啄趾鸡表现为被啄部位破溃等。

图7-28 肛门出血，周围被毛脱落

3.病理变化

本病通常无内脏器官病变。

4.防治方法

饲喂充足的、潮湿的饲料，且饲料中含有充足而均衡的营养。降低光照强度，降低饲养密度，保持良好的鸡舍环境和通风等。避免在鸡舍内出现条带状物引诱鸡啄食。还可以采取断喙的方式来减少啄癖的发生。

二、痛风

鸡痛风是一种营养代谢性疾病，在一些国家发病率比较高，如印度、马来西亚和巴基斯坦等。在我国也时有发生。不同品种的鸡均可发生本病。

1.发病原因

痛风是由于鸡体内的蛋白质出现代谢障碍，也可能是饲料中的蛋白质含量过高，导致产生了过多的尿酸盐，这些尿酸盐在内脏器官和关节上沉积，造成痛风。本病的发病原因较多，主要有以下几点。

（1）营养因素　由于饲料中含有过量蛋白质，当这些蛋白质的代谢超过肾脏的代谢能力，就会导致血液中尿酸盐升高。尤其是富含核蛋白和嘌呤碱的饲料。这些饲料包括豆粕、鱼粉、动物内脏以及莴苣和甘蓝等，这些物质含量过高，就会导致蛋白质过量。如果饲料中缺乏维生素A和维生素D时，也会导致本病发病率上升。

（2）疾病因素　有些疾病在发生后能够损害肾脏，使得肾脏功能不全，从而导致尿酸盐不能及时排出，在体内蓄积而发生痛风。常见的疾病有禽流感、传染性支气管炎、马立克病和传染性法氏囊病等。

（3）药物因素　有些药物的代谢是通过肾脏，有些药物能对肾脏产生毒副作用。这样，当使用这些药物时，如果随意增大用药量和延长用药时间都可能会对肾脏造成巨大的负担和伤害。这些药物多属于磺胺类药物和氨基糖苷类药物，在使用时需要注意保护肾脏。

（4）管理因素　应激会导致本病的发病率上升，饮水不足也会导致尿酸盐浓度升高。此外霉变的饲料会损伤肝脏和肾脏。

2. 临床症状

鸡发生本病后，根据尿酸盐沉积的位置不同，可以分为两种型，即内脏型和关节型。

内脏型痛风表现为精神沉郁，食欲下降，鸡冠和肉髯等部位变得苍白，可视黏膜也苍白，还伴随贫血。粪便为白色糊状。蛋鸡的产蛋率下降，蛋壳质量变差。

关节型痛风表现为关节肿胀，病鸡不能正常行走，常会有跛行，不愿行走，还影响采食和饮水，而后开始消瘦。在病程后期，病鸡的脚趾和关节严重变形。

3. 病理变化

内脏型痛风的病鸡剖检后可见肾脏肿大，呈花斑肾。在肾脏包膜下和输尿管中有大量尿酸盐沉积，如豆腐渣样。在肝脏、脾脏、肺脏以及心包和气囊等部位也会有尿酸盐沉积（图7-29）。

图7-29　脏器尿酸盐沉积

关节型痛风主要在关节囊有大量白色尿酸盐，呈半流体状。有的病鸡在关节面和关节组织处有溃烂和坏死。

4. 防控措施

本病的防控应根据发病原因，及时采取相应的治疗方案进行对因治疗。在消除发病原因的同时可以采用一些药物来加强肾脏代谢，如阿托品、乌洛托品等。但在应用药物时注意用法与用量，避免发生药物反应。

三、营养代谢病

营养代谢病是一大类在养鸡过程中容易被忽略的疾病，常得不到应有的重视，但其发病后会给养殖场造成严重的损失。

1. 病因分析

在家禽养殖过程中，常见的营养物质有水、蛋白质、氨基酸、脂肪、碳水化合物、维生素和微量元素。这些物质均有一定比例，如果发生失衡就会造成鸡出现相应的病理变化，发生营养代谢病。家禽在不同的饲养阶段对营养物质的需求量也不同，如果不能按照其生理阶段予以调整，就会出现营养代谢性疾病，钙、磷代谢是最常见的营养代谢性疾病。当鸡群出现消化道方面的疾病，就会影响钙、磷等元素的吸收，而且与此同时还需要维生素D的参与，如果维生素D缺乏，也影响鸡对饲料中钙、磷的吸收。钙和磷还需要有合理的比例，如果比例失调，也影响机体对其吸收利用。而过量的钙，又会影响铜、锌等微量元素的吸收和利用。所以营养物质之间具有相关性，一旦出现营养失调，就可能出现营养代谢病。

2. 发病特点

本类疾病具有其自身的发病特点，需要在养殖过程中注意观察、鉴别。

（1）群体发病　在养殖场，所有的营养性物质均通过饲料来提供，一旦出现饲料中营养物质不足或者过量就会发病，而且这种发病是群体性的，不同鸡舍的鸡也会同时或相继出现发病，出现的症状相同。

（2）发病缓慢　营养代谢性疾病需要一个营养缺乏到生理紊乱以及出现病理变化并表现出临床症状的过程，在这个过程中，机体具有一定的缓冲能力和修复能力，通常需要较长时间才能够表现出临床症状。常需要数周甚至数月才能表现出来。

（3）地方流行　这是由于在不同地区土壤中含有的微量元素种类以及含量不均造成的。有的地区富集某种营养元素，而在其他地区又缺乏一些微量元素，这就导致鸡群出现的疾病呈现出地方流行的特性。

（4）症状集中、类似　营养代谢病表现出很多类似的症状，鸡表现为生长发育缓慢、性成熟晚、产蛋量下降，还出现一些如贫血、消瘦等症状。

3. 主要疾病

常见的一些营养代谢性疾病有维生素A、维生素D、维生素E、维生素K缺乏症。硫胺素（图7-30）、维生素B_2（图7-31）、泛酸、烟酸、吡哆醇、生物素、叶酸、胆碱等缺乏症，钙、磷缺乏或者不均衡引起的疾病，食盐缺乏或者过量，微量元素锰、碘、铜、铁、锌、硒过量或缺乏引起的疾病。

图7-30　硫胺素缺乏症　　　　图7-31　维生素B₂缺乏症

4. 防控研究

这类病的预防是给鸡群提供营养丰富、全面且比例得当的饲料，尤其是要注重一些地区水源和土壤环境综合考虑的基础上均衡饲粮营养。如果出现营养代谢疾病，应当及时辨别，而后根据情况改变营养物质的量，予以治疗。

四、中毒

在鸡的养殖过程中，中毒已经是影响养鸡业的一类疾病。常引起大群鸡的发病和死亡。鸡中毒的研究报道也越来越多。

1. 中毒简介

中毒是指由毒物引起的疾病统称。在养鸡过程中，由于饲料、添加剂或药物的保存和使用不当就会使鸡发生中毒病。本病不同于其他传染病，不仅能够引起生长缓慢和产蛋量减少，还能导致大量鸡死亡。中毒病又不容易被发现和诊断，常会因误诊而偏离了治疗方向，不仅没有减少损失，还增加了投入，造成更严重的损失。

2. 常见的中毒

通常鸡中毒有几种情况，分别是食盐中毒、菜籽饼中毒、药物中毒和霉菌毒素中毒。霉菌毒素有很多，其中最严重的是黄曲霉毒素中毒。在这些中毒中以霉菌毒素中毒最为常见。

（1）食盐中毒　鸡出现食盐中毒是由于在饲料中过量添加的鱼粉等含盐量较大的成分导致的。还可能是使用盐水来治疗啄癖时浓度过大，也可能与部分地区水分中含盐量高有关。鸡出现食盐中毒表现为饮欲增加，粪便稀薄，严重时可见有病鸡不断饮水，腹泻，有时可见口腔和鼻腔流出黏液。最后出现衰竭而死亡。剖检可见其心包积液、肺脏水肿，消化道有不同程度的出血。

（2）菜籽饼中毒　由于菜籽饼在分解后能产生一些有害物质，当给鸡采食过量的菜籽饼时就会引起中毒，通常采食8%～10%的菜籽饼就可以引起中毒。鸡中毒后表现为食欲下降，食量减少，粪便干硬或稀薄，其中还常见有血液。鸡生长减缓，产蛋量下降，蛋壳质量不佳。剖检后可见胃肠道黏膜出现充血和出血的情况，肾脏肿大。

（3）药物中毒　容易发生中毒的药物为磺胺类药物。磺胺类药物中毒表现为病鸡精神沉郁，采食量下降。可视黏膜出现不同程度的黄染。粪便出现灰白色或棕褐色。产蛋鸡蛋壳变软变薄。剖检可见在胸肌和腿肌等处有出血斑。血液凝固不良。肝脏和肾脏均出现肿大（图7-32），在关节腔内有尿酸盐沉积。

图7-32　肝脏和肾脏肿大

（4）霉菌毒素中毒　霉菌毒素中毒最常见的为黄曲霉毒素中毒。黄曲霉毒素中毒是由于饲料发生霉变，导致黄曲霉菌大量滋生，产生大量毒素，当鸡采食这些含有毒素的饲料后就会发生中毒。病鸡表现为精神不振、食欲下降、粪便带血，有的病鸡不能站立，蛋鸡推迟开产，产蛋率低。剖检可见肝脏肿大，在表面有点状结节或者病灶，肾脏苍白，胆囊出现肿大。

3. 疾病防控

对食盐中毒的病鸡，应当立即停用原来的饲料和饮水，换饮淡水，但应少量供应，避免大量饮水出现组织水肿。菜籽饼中毒时应立即停止饲喂原来含有菜籽饼的饲料，加强饮水，促进代谢。对磺胺类药物中毒的病鸡应立即停药，而后给鸡饮用1%～2%的碳酸氢钠、葡萄糖和维生素C组成的水，连续饮用数天后，症状会消失。对黄曲霉毒素中毒的病鸡停止饲喂发霉饲料，并应用制霉菌素进行治疗，在治疗的同时还应当用青霉素和链霉素防止继发感染。

五、中暑

鸡中暑又称为热衰竭，通常是指日射病和热射病，是夏季高温时节发生的一种常见病。发病鸡出现急性死亡。通常在气温超过36℃时鸡就会发生中暑，当环境温度超过40℃时，鸡群容易出现大批死亡。

1. 发病原因

由于鸡自身没有汗腺，不能够通过汗液排出的方式进行散热，当鸡舍的环境温度逐渐升高，鸡需要通过呼吸的方式和张开翅膀的方式进行散热。如果环境温度仍然持续升高，鸡不能及时散热，体温也会随之升高，直到体温达到45℃时，就会出现呼吸性碱中毒、脑部缺氧、神经功能紊乱等情况。当体温达到47℃时，就会引起鸡的大量死亡。

鸡还可能是受到太阳光直接照射头部，导致颅内压升高，脑膜和脑组织急性充血而导致神经系统功能障碍的疾病。病鸡神经功能损伤，最后会出现抽搐和死亡。病鸡出现日射病的情况较少。

2. 临床症状

鸡轻度中暑会表现为采食量下降，饮水量增加，甚至可以达到采食量的3倍左右。排出稀薄粪便。产蛋率下降，蛋壳的颜色变浅，蛋变小。有时出现张口呼吸，呼吸加深加快。中度中暑时表现为体温升高，呼吸加快，张口呼吸，翅膀张开，采食量下降，饮水量增加，出现水样腹泻。病鸡通常在午后和晚上会出现死亡，死亡时，上层鸡笼内死亡的数量会较多。严重中暑时，鸡在短时间内就出现死亡。

3.病理变化

对病死鸡剖检，可见血液凝固不良，静脉内有瘀血，在胸腔内以及心包内有弥漫性出血，腹腔内脂肪也有出血。肝肿大，呈土黄色（图7-33）。肺瘀血，卵巢有充血，大脑出现充血和点状出血情况。

图7-33　肝肿大，呈土黄色

4.防控措施

本病的预防是加强防暑降温，加强鸡舍内的通风，并采取有效方式降低鸡舍内的温度。如用凉水喷雾，用稻草遮盖鸡舍顶，加强通风。还要调整鸡群的密度，改善饲料的结构，提升饲料中蛋白质的比例，增加食盐和贝壳粉，饲喂一些青绿多汁的饲料。给鸡提供足量清洁的饮水，在饮水中添加多种维生素，尤其是维生素B_2、维生素C、维生素E、维生素K等。鸡舍要经常喷雾消毒。

发病鸡要及时转移到阴凉的地方，提供清洁的凉水，促进恢复。还可以给病鸡口服0.05～0.1克的樟脑。鸡逐渐恢复后可以饲喂含有多种维生素的葡萄糖水，还要在水中添加一些抗菌药物，防止鸡群出现感染。对于发病严重的鸡，应向其喷洒凉水，或者直接在凉水中浸泡，可以促进鸡的康复。病鸡还可以应用中药方剂进行治疗，如清暑散（140克薄荷、140克葛根、60克滑石、120克淡竹叶、40克甘草，制成粉剂，添加在饲料中混饲，成年鸡每只每天用量为1克，雏鸡适当减少）和清暑消食散（海金沙、白叶藤、崩大碗、地龙、冰糖草各200克，布渣叶、葫芦茶各30克，金钱草、铁线草、田基黄各150克，加水煎煮服用或添加在饲料中混饲。以上药量适合6000羽雏鸡使用）。

第八章

鸡场粪污无害化处理技术

据2010年《全国第一次污染源普查公报》数据显示，我国农业污染已超过工业污染，成为最大的污染源；畜禽养殖业的化学需氧量和氨氮排放量占全国总量的41.9%和41.5%，为农业污染之首。畜禽粪便气味恶臭，含有大量生物酶、细菌和寄生虫卵（部分会致病）、重金属等有毒有害物质，如果不做处理或处理不当，会对环境造成污染，不仅会阻碍养殖业的健康、稳定和持续发展，还会危及人类的身体健康。粪污污染物经过合理的处理，可以变废为宝，转变为饲料、燃料、肥料等，成为可以循环利用的资源。

第一节

粪污无害化处理

一、基础术语

1.规模化养殖

规模化养殖是指将一定数量的畜禽，在特定的场地供给饲料、饮水和适宜的环境，在一定时间内可以提供肉、蛋、奶、皮等畜禽产品的养殖过程。2009年中华人民共和国生态环境部发布的《畜禽养殖业污染治理工程技术规范》中指出"集约化畜禽养殖场是指在较小的场地内投入较多的生产资料和劳动，采用新的工艺与技术措施，进行精心管理的畜禽养殖场"；"集约化畜禽养殖区是距离居民区有一定距离，经过行政区划确定的多个畜禽养殖个体生产集中的区域"。环境保护总局起草的GB 18596—2001《畜禽养殖业污染物排放标准》中规定，Ⅰ级规模养殖场，肉鸡养殖场肉鸡年存栏量为20万只以上，蛋鸡养殖场蛋鸡年存栏量10万只以上；Ⅱ级规模养殖场，肉鸡存栏量为3万～20万只，蛋鸡存栏1.5万～10万只。Ⅰ级规模养殖区，肉鸡存栏40万只以上，蛋鸡存栏20万只以上；Ⅱ级规模养殖区，肉鸡存栏20万～40万只，蛋鸡存栏10万～20万只。规模化养殖场是年存栏量肉鸡1.8万只以上或蛋鸡存栏0.9万只的养殖场。

2. 畜禽养殖粪便污染物

畜禽粪污是指畜禽养殖场产生的废水和固体粪便的总称，畜禽养殖废水是指畜禽在养殖过程中产生的尿液、粪便和残余的饲料残渣、冲洗水、饲养员生活和养殖生产过程中产生的废水的总称。家禽养殖冲洗水占废水的大部分。肉鸡养殖场多数为干清粪，直接把粪便清理出鸡舍，污水则流入污水池。

3. 无害化处理

无害化处理意为垃圾及其处理后残留不再污染环境，可以利用。畜禽粪污污染物无害化处理是将粪污污染物通过物理、化学、生物或其他的方法处理，处理后的排出物不污染周围环境，又可以进行再生资源的充分利用。

4. 耕地对畜禽粪便的承载量

耕地对畜禽粪便的承载量是指某个地区环境对畜禽粪便的容纳量，它是反映当地养殖密度的一个重要指标。假如粪污排放量大于单位耕地面积的承载量，则土壤自身难以消化畜禽粪便，将会增大对环境的污染。同时每个地方的单位耕地承载量不同，也反映了当地对粪便的容纳能力。据报道，全国耕地畜禽粪便的平均承载量为24吨/公顷。

二、肉鸡粪污的特点

肉鸡固体粪便是由饲料中未被消化吸收的部分以及体内代谢产物、消化道黏膜脱落物和分泌物、肠道微生物及其分解产物共同组成。实际生产中的鸡粪还含有鸡采食过程中散落的饲料、脱落的羽毛等物。鸡粪是鸡场的主要废弃物和最大的污染源，也是鸡场内产生臭气和蚊蝇滋生等问题的直接根源。

1. 粪污产量大

鸡的相对采食量高但消化能力差，粪便产量大。规模化养鸡场集约化程度很高，鸡粪产量非常大。有数据显示，1万只白羽肉鸡养殖45天的排粪量是40 ～ 50吨；一个20万只的蛋鸡场，成年鸡每日就要产生近30吨鸡粪，鸡粪月产量900吨。

2. 水分含量高

鸡粪实际上是粪尿混合物，水分含量高达70% ～ 75%。鸡粪的实际含水量还会随季节、饮水方式和室温等因素的不同而有较大变化。饲养管理对其也有极大影响，当饮水装置发生漏水或是用水冲刮粪时，鸡粪含水量会大幅提高，会促进鸡粪的厌氧发酵，散发大量臭气，为鸡粪的处理带来困难。

3. 利用价值高

由于鸡饲料的营养浓度高，而鸡的消化道短，消化吸收能力有限，鸡粪中含有大量未被消化吸收而能被其他动植物所利用的成分。鸡粪经科学合理的加工处理，可生产优质的肥料和饲料。

三、肉鸡粪污对环境的影响

肉鸡粪污含有机物、矿物质、微生物、寄生虫和毒物（病原微生物代谢产物、药物残留和抗生素残留）等物质。如处理不当，将会带来水体污染、空气污染、土壤污染和生物污染等一系列环境问题。

1. 对大气的影响

鸡粪中的有机物经厌氧分解产生恶臭、有害气体以及携带病原微生物的粉尘。恶臭主要是因为鸡粪在高温下发酵，含硫蛋白质分解为氨、硫化氢、吲哚、硫醇等恶臭物质。恶臭物质会刺激人的嗅神经、三叉神经，毒害呼吸中枢，还会引起肉鸡呼吸道疾病和其他疾病，最终导致生产性能下降。空气中含大量病毒和细菌为主的病原微生物易造成疫病流行，严重影响养殖生产经济效益的同时还会危害周围居民的身体健康。

2. 对水源的影响

规模化养鸡场会排放大量的生活污水和在清洁禽舍与设施、冲洗粪便等生产环节中产生的污水。鸡粪堆放不当或未经科学处理直接施入农田后，粪便中含有的有机物及矿物质随粪水或雨水通过地表径流污染湖泊、河流、沼泽及水库等地表水，或经由土壤渗透污染地下水。当水体中粪污含有的氮、磷等元素超过水体自净能力时会引起水体富营养化，引起藻类和其他浮游生物迅速繁殖，大大消耗水体中的溶解氧，水质恶化，鱼类和其他水生生物大量死亡。粪污经微生物分解还会产生大量有害物质，使水体变黑发臭，导致水体进一步污染且难以治理和恢复。

3. 对土壤的影响

规模化养鸡场长期饲喂含铜、锌等重金属元素的饲料，鸡粪未经处理直接排放到土壤中，由于鸡对饲料中营养消化吸收不彻底，会引起土壤中的重金属污染。同时，鸡粪中盐分含量较高，长期大量施用，又会造成土壤盐渍化。粪便中含磷量高，极易造成磷在土壤中的积累，污染土壤。鸡粪中的氮化合物经微生物作用，可发生生化反应，导致土壤硝酸盐含量提高。

4. 造成生物污染

粪便是微生物的主要载体，鸡体内的微生物主要通过消化道排出体外。病鸡或带病鸡通过粪便排出病菌和寄生虫卵，如大肠杆菌、沙门菌和金黄色葡萄球菌、禽流感病毒和马立克病毒以及蛔虫卵和球虫卵等。鸡粪中的病原微生物可在较长时间内仍维持其感染性，如在室温条件下，马立克病毒可以维持100天，多杀性巴氏杆菌可维持34天，流感病毒在4℃环境条件下可维持30～40天，如不及时处理，会成为危险的传染源，造成疫病传播。

5. 药物残留

为防治禽类疾病、增强鸡体抗病能力，鸡饲料中通常会添加抗生素，添加含重金属的添加剂。药物添加剂含量超标或长期蓄积，可随鸡的粪尿排出体外，若未经有效处理就用作肥料，不但污染环境，也会对人畜产生毒副作用。

四、鸡场粪污无害化处理现状

1. 粪污处理设施建设比例低

养鸡场粪污处理设施建设比例低，一些养鸡场未建设粪便处理设施，粪便在露天环境随地堆放，臭气熏天，粪污随雨水横流，渗漏到土壤或地下水中，对周围环境造成威胁。鸡粪收集后未经处理直接还田，由于未经处理的粪便中含有大量病原微生物，直接还田会给人畜带来潜在危害，因此必须配套处理设施对粪便进行发酵无害化处理。同样，污水处理设施建设比例也很低，一些养鸡场污水产量很小或没有，就直接排放到场区外面或在场内低洼处积存，也存在安全隐患。

2. 粪污处理设施不达标或不合理

已建粪污处理设施存在诸多问题，如粪污处理区和鸡舍之间距离太近，处理区未处于鸡舍下风向；一些养鸡场的储粪池设施简单，缺少防雨淋、防溢流的措施；还有一些养鸡场粪污处理设施容量与实际粪污产量不匹配；有的养鸡场虽建有污水沉淀池，但未进行雨水和污水收集输送系统的分离，雨水进入污沟，会增加污水产量和处理难度。按照《"十二五"主要污染物总量减排核算细则》要求，堆粪场或储粪池可有效使用容积每500只成年鸡（存栏）不低于1米^3。

3. 粪污与配套耕地的承载能力不匹配

大多数养鸡场虽有固定对接的耕地，但与耕地承载能力不匹配。养殖场粪肥未得到合理利用。粪污施用量若超过耕地消纳能力，会造成农田土壤污染。按照《"十二五"主要污染物总量减排核算细则》要求，粪便农业利用的，每亩土地年消纳粪便量不超过50只成年鸡（存栏）的产生量。

4. 鸡场养殖环境管理水平低

对风险高、效益低的鸡场养殖户来说，粪污处理设施的投入大，导致养殖场治污积极性不高，环境管理水平低下，粪污在场区或养殖场周边随意堆积是常态；有些养殖场虽建立了较完备的粪污处理设施，但为了图方便或节省运行费用，没有正常运行设施，粪污处理设施成摆设。

五、粪污无害化处理的方法

1. 物理处理法

物理处理法主要是利用光、热、电等对粪污进行干燥处理的方法。该法对粪污进行了灭菌除臭，极大地降低了粪污对环境的污染，但处理过程中有的方法受天气影响大，有的投资大，有的营养物质损失较大。

（1）自然干燥法　该法就是利用阳光照射的方法把粪污中的水分晒干至15%以下，处理后进行饲料化或肥料化。该法简单易行成本低，为多数鸡场所采用，但受天气影响较大，处理粪污规模较小，而且容易在处理过程中将有害物质挥发到空气中，造成污染。

（2）电加热干燥法　该法采用机器对粪污进行脱菌干燥或烘干膨化的处理，处理后的粪便可以饲料化或者肥料化。该法不受天气的影响，可以集中处理大规模鸡场的粪便，处理后的粪便比较符合环境的排放标准。缺点是容易对空气造成二次污染，另外建场投资大，运行成本高，难以获得较好的经济效益。

（3）热喷处理法　热喷处理是将新鲜粪便先进行干燥，当鸡粪含水率达到30%以下时，采用高压蒸汽处理，使得粪便变得蓬松、细碎，然后进一步加工成饲料或者肥料。该法较前两种方法有机物消化率得到了很大的提高，是目前应用比较成熟的技术。

2. 化学处理法

化学处理是利用化学物质与粪污中的有机物进行反应，分解为二氧化碳和水，以及少量的氧化化合物。

（1）化学药剂处理法　在新鲜粪便中加入福尔马林、碳酸氢钠、甲基溴化物等不同的化学药剂，杀灭病菌、减少氨气的挥发，不同的研究者研究出了不同的配方，处理后的粪便再饲用或者肥料化。该法简单易行，但容易产生二次污染。

（2）氧化法　粪便氧化可以采用化学方法、加热方法和生物方法，该类方法是把粪便氧化，破坏粪便中的有机物和臭气，并达到灭菌的目的，处理后再饲用或肥料化。该法投资大，维护费用高，实际运行中往往难以达到理想的效果。

3. 发酵处理

利用微生物的活动，将鸡粪中的一部分尿酸、尿素、氨等单胃动物不能利用的含氮物质转化为微生物菌体蛋白，产生有机酸，改变鸡粪的pH值。发酵过程中形成的特殊理化环境可以杀死鸡粪中的病原体。根据发酵利用的微生物种类的不同，分为有氧发酵和厌氧发酵。

（1）堆肥处理　堆肥是指富含氮有机物的鸡粪与富含碳有机物的秸秆等在好氧、嗜热性微生物的作用下转化为腐殖质、微生物及有机残渣的过程。堆肥发酵是一种传统的粪便处理方式，在堆肥发酵的过程中，大量的无机氮以有机氮的形式固定下来，产物稳定、一致且基本无臭味。由于在发酵过程中，粗蛋白被大量分解，含量下降40%左右，因此，堆肥不适合用作饲料，而是作为一种肥效持久、能改善土壤结构、维持土地生产力的优质有机肥。

（2）沼气处理　沼气是在厌氧环境中，有机物质在特殊的微生物作用下生成的混合气体，主要成分是甲烷（占60%～70%）。沼气是可燃性气体，可用于鸡舍采暖和生活照明、做饭及供暖等，是一种优质的生物能源。鸡粪是沼气发酵的原料之一，尤其是含水量大的冲水鸡粪，可以用来生产沼气。蛋鸡粪便比肉鸡粪便的含氮量要高，因此蛋鸡粪便要比肉鸡粪便更适宜沼气生产。建立中小型发酵池，约20吨发酵便可以产出沼气。发酵后的鸡粪残渣称为沼气肥，沼气肥是矿质化和腐殖化进行的比较充分的肥料，沼气肥中养分的吸收利用率明显高于一般有机肥。沼气残渣可用作农作物的底肥，还可用来作饲料，养鱼或喂猪。

4. 低等动物处理法

利用蚯蚓、蜗牛、家蝇等低等生物，对粪便进行分解，可以产生优质的蛋白质，处理后的粪便也可以作为肥料。该法经济、生态，是一种具有广泛前景的处理方式。但需要对粪便进行前期的脱水、灭菌处理。

❧ 第二节 ❧
粪污利用技术

肉鸡的生产过程中，粪污带来的污染越来越大，据统计，2018年我国肉鸡出栏数量为79亿多只，粪污产生量约有2.22亿吨，粪污不但直接会污染空气、土壤、水源，还会通过食物链给环境及人类造成严重危害。因此，粪污合理的利用势在必行。

一、鸡场粪污利用模式

1. 有机肥生产模式

通过自动刮粪系统或人工方式收集粪便，集中发酵制成有机肥自用或销售。大型养鸡场自建有机肥生产线；中、小型养鸡场采取固体畜禽粪便＋污水肥料化利用模式，农户采取堆积封闭熟化的方式，加工成有机肥就近施入农田。针对散养户，推广粪便集中处理中心模式，对粪便进行统一收集、集中处理。粪便根据水分情况适当加入谷糠、碎秸秆等有机物，吸附水分，增加通透性，接入专用的微生物菌种，配备专用的设备，进行匀质、发酵、翻抛、干燥，生产有机肥。这种模式从根本上解决了粪便地区性过剩和季节性用肥矛盾的问题。

2.种养生态循环模式

适用于养殖场与种植业直接对接，两者距离一般不超过5千米。蛋鸡场的粪便、污水经过储存发酵后，运送到农田利用。建设的堆粪场（储粪池）、污水沉淀池的容积要与养殖场粪污量和施肥周期相匹配，农田需对接好承载量，防止过载。该模式设施建设成本和运行费用低，有一定推广度。

3.粪便高速发酵模式

采用干清粪方式，收集的粪便进入输送式隧道发酵装置，在高度优化的微生态机械流水线条件下好氧发酵，促进鸡粪中可生物降解的有机物向稳定的小分子物质和腐殖质转化，达到快速除臭、灭害、腐殖化的目的。

二、鸡粪有效利用形式

1.粪便饲料化

鸡的消化道短，饲料在肠道停留时间短，饲料转化率低，粪便中含有大量未被利用的营养成分。鸡粪经过去臭、杀虫、灭菌等无害化处理后用作饲料，具有较高的营养价值。

（1）脱水干燥后饲料化　脱水干燥法是最为常用的鸡粪处理方法，大体上可分为风干、晒干、烘干、火力电流制干四大类，也可两者或三者兼用。

① 自然干燥法　收集新鲜鸡粪（夏季须当日收集，冬季不超过3～4天收集1次）、水泥地面或塑料薄膜上晾晒至手感干燥疏松即可（晒前去除鸡粪中的羽毛等杂质）、粉碎过筛、阴凉干燥处储存备用。优点：简便易行，成本低，适用于气候干燥、阳光充足地区的小规模鸡场采用。不足：灭菌效果差，不能除臭，不利于鸡场防疫，养分损

失较多，饲养效果不理想，不宜作为集约化养鸡场的处理技术。

②大棚晒干法　大棚主体为钢架结构，顶部覆盖塑料薄膜。大棚一般长45～56米、宽4.5米（4.5米×56米的大棚平均每天可干燥1万只成年鸡的粪便），地面铺水泥，两侧铺设干燥车行驶轨道。工作人员只需将鸡粪堆成长5～9米、高10～15厘米的长堆，之后都由干燥车进行搅碎、摊开直至干燥。优点：鸡粪处理成本低。不足：干燥时间长，产品质量低。目前国外的鸡粪脱水干燥大都采用此法。有鸡场将粪便堆积在塑料大棚里，利用日光在大棚里的积温，人工翻动鸡粪使之干燥。这种方法由于不产生自发温度，受天气影响较大。

③人工加热烘干法（机械干燥）　用烘干机械设备进行鸡粪干燥，鲜鸡粪70℃持续烘12小时，或140℃烘1小时，或180℃烘0.5小时，使水分降至10%以下，即可作饲料用。优点：营养物质损耗少，干燥快。不足：热能消耗较多，需一定设备一次性投资大，成本高。适用于大型集约化养鸡场。

④高频电流干燥法　温度设置为70～80℃，通过高频电流使鸡粪的水分迅速降至10%～13%，包括氨基酸在内的全部营养物质极少受到破坏，灭菌效果好，干燥过程无臭味。超高频电磁发生器的功率为35千瓦，每小时可加工湿鸡粪1吨。

⑤微波干燥法　微波加热器的脱水率不高，微波处理前需先将鸡粪通过摊晒，将水分降至30%～40%，处理过程中，鸡粪缓慢通过微波干燥机，采用915兆赫兹、功率为30千瓦的波源效果较好。用微波处理的鸡粪无臭味，制品均匀，灭菌效果很好，对鸡粪的营养成分影响很小。不足：去水能力低，需预先进行脱水处理；处理量少，对鸡粪厚度、物料引进速度都有严格要求；耗电多，设备投资和维修成本高。

⑥固液分离干燥法　先利用振荡法、重力法、机械压滤法、离心法等机械作用，达到固液分离，再进行干燥。我国多采用离心法，不足：为避免产生二次污染，分离出的液体必须进行适当处理；经离心机分离后的固体含水量仍高，还须进一步干燥；耗电多。

（2）发酵后饲料化　发酵方法有地面自然发酵法、自然青贮发酵法、加曲发酵法、半干乳酸发酵法和机器加工处理法等。

① 自然发酵法　将新鲜去除杂质的纯鸡粪或加入饲料、饲草的鸡粪在水泥地或塑料布上堆积成20～40厘米高的堆，经4～96小时（视环境温度而定），堆内温度升到40℃时即为发酵完成，随即把鸡粪堆摊开。

② 自然青贮发酵法　常用方法如下：一是把鸡粪70%、草料或秸秆粉20%、糠麸10%按比例混合，含水量控制在60%左右（用手握料见水迹而不滴为度），然后装入青贮缸、青贮池或青贮塔内，密闭发酵4～6周即可。发酵成功的鸡粪似黄酱，颜色黄绿，有酒糟味，适口性强，可饲喂牛、羊、猪。二是鸡粪与垫草混合青贮。为发酵良好，鸡粪和垫草混合物的含水率需调至40%。三是利用鸡粪饲喂羊时，通常也采用上述堆贮或窑贮的方法来提高适口性，消灭病原体。在羊日粮中使用35%的鸡粪，即可满足羊的蛋白质需要和大部分能量需要。

③ 加曲发酵法　取新鲜鸡粪70%、麸皮10%、米糠15%，加酒曲粉5%掺水适量，充分拌匀，入窖密闭发酵48～72小时后即可饲喂。鸡粪发酵用曲可选用中曲（即酱曲、醋曲和黄酒曲等量混合而成）以及由不产黄曲霉素、黑曲霉素制作的发酵用曲进行发酵。

④ 半干乳酸发酵法　原理与牧草的半干青贮相同。采集新鲜去杂质的鸡粪加入5%～10%的能量饲料，调整含水率至60%左右（用手紧握拌好的湿鸡粪，指缝有水滴渗出但不滴为度）。

⑤ 机械加工处理法　主要有热喷、膨化、充氧发酵法3种，具有省时、省力、无二次污染的先进性，但需要相应的专门化生产机械，是一种值得推广应用的技术。

2. 粪便肥料化

我国存在巨大的畜禽粪便量和生物有机肥需求量，鸡粪中含有丰富的有机质和较高的氮、磷、钾及微量元素，养分含量丰富，还含有大量蛋白质，是畜禽粪便中最好的有机肥原料。将鸡粪经过科学的处理与加工，可以制造出高质量的有机复合肥，不仅有效地解除了鸡粪对我国环境的威胁，加速了我国生物有机肥产业的发展，而且提高了绿色食品在我国市场的占有量。将鸡粪变废为宝，带来较高的经济效益、生态效益和社会效益。

堆肥发酵（图8-1），就是直接将鸡粪堆积在鸡粪发酵池，让其自然发酵后还田，发酵所需时间较长，一般夏季为1~2个月，冬季为3~4个月，优点：投资小，简单易行。不足：发酵所需时间长；发酵过程会产生恶臭气体，若长期堆放，会造成周边地区污染；未经防雨等处理的堆粪场，遇雨天，鸡粪会四处溢流，使污染面积扩大。为适应现代化牧业发展的需要，在发酵过程中接种生物制剂，能够促进鸡粪的发酵，达到无害化要求，制成有机肥。同普通堆积方法相比，利用生物制剂处理鸡粪发酵，对环境的污染小，缩短发酵时间，无害化处理能力强，可全年连续生产，省工省力，生产的有机肥肥效好。

图8-1　鸡粪堆肥发酵流程图

（1）条垛式堆肥发酵　条垛式堆肥是将混合好的原料堆垛成长条垛，利用机械或是人工进行周期性地翻动堆垛，以保证堆体中的原料充分好氧发酵。条垛堆肥通常由前处理、一次发酵（主处理或主发酵）、二次发酵（后熟发酵）以及后续加工、储藏等工序组成。优点：条垛式堆肥所需设备少，操作简单，运行成本低，产品腐熟度高且稳定性好。被广泛应用于鸡场粪污处理。不足：发酵周期长，翻堆会散发臭味，易受周围环境和气候影响。

（2）槽式好氧发酵　该技术以秸秆、粪污等为原料，在阳光棚下的发酵槽内进行好氧发酵，发酵槽底部设有进行充氧的曝气装置，通过槽式翻抛发酵的模式，迅速分解鸡粪中的有机质，产生大量热量，杀灭鸡粪中的细菌、病毒和寄生虫。优点：发酵前，原料和辅料经过预处理，优化了水分、碳氮比和孔隙度等发酵条件。发酵槽配备了机械翻搅和静态曝气双重作业系统，有利于均衡物料总体的发酵温度，加快水分向外蒸发，不受气候影响，臭气易控。不足：大型翻抛机械初期投入成本较高，占地面积大。

槽式好氧发酵是目前处理鸡粪最有效的方法，适用于鸡粪有机肥商品化和标准化的生产。该工艺发酵时间短，一般15天就能使鸡粪完全发酵腐熟，而且可实现规模化生产，不受天气、季节影响，对环境造成的污染小。槽式自动搅拌机可在发酵槽沿上自动行走，灵活对槽内发酵物进行通气、送氧和调节水分，本工艺不用大量掺入秸秆（季节性粪便稀时，才加入少量秸秆），菌种使用一年后可降低使用量，生产出的有机肥无害化程度强，成本低。目前，堆肥呈现出快速发展的趋势，效果显著，达到无害化、资源化、产业化等要求，成为处理鸡粪的主要方法。

3. 粪便沼气化

（1）沼气工程处理法　养殖场的粪污通过管道进入沼气池进行厌氧发酵，粪污中的有机质发生转化并产生沼气。沼气技术虽然成熟，但技术控制点较多，例如35℃是沼气发酵的最佳温度，沼液的pH值应保持在6.5～7.5，沼气池应维持无氧状态等，导致有些养鸡场在沼气池建成后，常常因为难以掌握或无法保证正常运转而废弃。调查发现，单一的鸡粪投入沼气池后很难产生甲烷等可燃气体，须添加辅料，增加了工作量和技术难度。此外，北方冬季温度较低，沼气池很难正常运转，投资多、使用率低、成本回收慢，因此北方养鸡场不推荐使用沼气处理粪污。

（2）厌氧塔式沼气发酵　此法工厂化程度高（图8-2）。

图8-2　鸡粪塔式沼气发酵流程图

附录

蛋鸡产蛋期禁用兽药

抗寄生虫类	二硝托胺预混剂、马杜霉素预混剂、地克珠利、地美硝唑预混剂、盐酸氨丙啉-乙氧酰胺苯甲酯预混剂、盐酸氨丙啉-乙氧酰胺苯甲酯-磺胺喹噁啉预混剂、盐酸氯苯胍、氯羟吡啶预混剂
抗生素类	四环素片、甲磺酸达氟沙星（粉、溶液、注射液、颗粒）、吉他霉素（预混剂、片剂）、那西肽预混剂、阿莫西林可溶性粉、复方氨苄西林、海南霉素钠预混剂、盐酸大观霉素可溶性粉、盐霉素钠预混剂、酒石酸吉他霉素可溶性粉、硫氰酸红霉素可溶性粉、硫酸卡那霉素注射液、硫酸安普霉素可溶性粉、硫酸黏菌素、硫酸新霉素、越霉素A粉剂或预混剂
氟喹诺酮类	乳酸环丙沙星、乳酸诺氟沙星、恩诺沙星、氧氟沙星、盐酸诺氟沙星、盐酸沙拉沙星、盐酸环丙沙星、盐酸洛美沙星
磺胺类	复方磺胺氯哒嗪钠粉、磺胺对甲氧嘧啶-二甲氧苄氨嘧啶预混剂、磺胺喹噁啉-二甲氧苄胺嘧啶预混剂、磺胺喹噁啉钠可溶性粉、磺胺氯吡嗪钠可溶性粉
肿制剂类	洛克沙肿预混剂、氨苯肿酸预混剂
动物专用抗菌药	氟苯尼考

参 考 文 献

[1] 张雄，刘景辉.鸡场的地址选择及规划布局[J].养殖技术顾问，2009(01): 9.

[2] 尚隋菊.鸡标准品种的介绍[J].养殖技术顾问，2013(10): 55.

[3] 刘建坤.肉仔鸡的饲料营养价值特点[J].中国动物保健，2021，23(02): 78, 85.

[4] 颜寿东.蛋鸡标准化养殖小区饲养管理技术规范.青海省，青海省畜牧兽医总站，2010-11-25.

[5] 孙军防，张孝庆，韦方剑.肉鸡标准化饲养管理技术综述[J].中国畜牧兽医文摘，2017，33(08): 80-81, 60.

[6] 朱瑞凯.产蛋期的鸡务必做好疾病的预防[J].今日畜牧兽医，2021(04): 45, 58.

[7] 刘世东.笼养蛋鸡常见疾病防治策略[J].中国畜禽种业，2021，17(03): 182-183.

[8] 史军，杜绍江，吴志远.鸡常见疾病与防治办法[J].畜牧兽医科技信息，2021(03): 201.

[9] 孙明，张英鹏，薄录吉等.畜禽粪污资源化利用的技术措施[J].养殖与饲料，2020，19(10): 6-7.

[10] 陈守亮.畜禽粪污资源化处理的现状与改进措施[J].养殖与饲料，2021，20(01): 112-114

化学工业出版社同类优秀图书推荐

ISBN	书名	定价/元	出版时间
38783	肉兔70天出栏配套生产技术	49.8	2021年10月
37833	鸡病巧诊治全彩图解	168	2021年6月
32709	肉兔科学养殖技术	48	2018年9月
30538	肉兔快速育肥实用技术	39.8	2017年11月
33432	犬病针灸按摩治疗图解（全彩图解+实操视频）	78	2019年6月
33919	彩色图解科学养兔技术（全彩图解）	69.8	2019年8月
33746	彩色图解科学养鸭技术（全彩图解）	69.8	2019年6月
33697	彩色图解科学养羊技术（全彩图解+实操视频）	69.8	2019年6月
31926	彩色图解科学养牛技术（全彩图解+实操视频）	69.8	2018年10月
32585	彩色图解科学养鹅技术（全彩图解）	69.8	2018年10月
31760	彩色图解科学养鸡技术（全彩图解）	69.8	2018年7月
31070	牛病防治及安全用药（彩色印刷）	68	2018年4月
27720	羊病防治及安全用药（彩色印刷）	68	2016年11月
26768	猪病防治及安全用药（彩色印刷）	68	2016年7月
25590	鸭鹅病防治及安全用药（彩色印刷）	68	2016年5月
26196	鸡病防治及安全用药（彩色印刷）	68	2016年5月
01042A	畜禽病防治及安全用药兽医宝典(套装5册)（彩色印刷）	340	2018年9月

地　　址：北京市东城区青年湖南街13号化学工业出版社(100011)

出版社门店销售电话：010-64518888

各地新华书店，以及当当、京东、天猫等各大网店有售

如要出版新著，请与编辑联系：qiyanp@126.com

如需更多图书信息，请登录www.cip.com.cn